學領導

領導大師對主管的最深刻叮嚀

馬歇·葛史密斯 著
Marshall Goldsmith

EMBA雜誌編輯部 譯

目錄、

第二部
在呼吸之間，領導
主管應該有的新態度與行為

第三部 **我傾聽，我提問**

成為教練型領導人

第四部 **變動時代的領導**

艱困時局，成為更好的領導人

序

推薦序
學習之路的貴人

黃冠華

每個人在人生道路上，都會遇到一些貴人，他的一句話或是一個決定，可能就深深的影響你一輩子。葛史密斯先生，就是我在學習之路上的貴人。

我接觸到葛史密斯先生的文章，就是從閱讀ＥＭＢＡ雜誌所結下的緣分。這些年來每次我拿到雜誌，所做的第一件事，就是先閱讀他的專欄，其淺顯易懂，卻又深含哲理的概念，透過深入淺出的到位翻譯，對年少輕狂，深怕大家不知道本人有多厲害的我，真的是當頭棒喝！經過了多年洗禮學習，到最後，葛史密斯先生的領導思維，形塑了我的管理大局觀，我決定要成為公司內部高階主管的教練，幫助大家成為更好的領導人。

朋友們或許不知道，葛史密斯先生是一位佛教徒，在他的思維中，常常可見佛學所蘊含的機鋒與道家的智慧。我總結葛史密斯先生的管理哲學，其實就是我們佛家所說的觀自在，觀照我們的心（主觀意識、分別心、執著心）。這是因緣生的東西，我們放下了自我，放下我執，不強調「我」的強大，而成就了大家。這也是有別於西方主流「比肌肉」思維的重要概念。

而其「讓員工自己做決定」文章中，所談到主管的角色與定位，就與道家中的無為不謀而合。長期閱讀他的文章，一定可以深深體會，不過度加值、不要總想贏太多、不要懲罰傳遞訊息的人，這些重要的概念。你可以深刻的感受到，那種利他、為他人著想的思維。

但葛史密斯先生卻絕對不是只論空談的學者，諸多的文章中，他不斷的提到務實管理的重要。在「我說不等於他做」這篇文章中的一段話，一直到現在都還記載在我的筆記本上：

你唯一有罪的地方，是你打了個勾，以為說出了公司的使命，寫了這張備忘，你的工作就完成了。你完成了待辦清單上的一個項目，你在心裡微笑，並告訴自己，「下一個」。

我讀完之後，拍案叫絕！我們不都常常這樣自以為是的做管理嗎？真的是一句話點醒夢中人！後來過了幾年，終於有機會能在台北當面見到葛史密斯先生本人的風采，真的是見面如見其文，折服了我們眾多的讀者與粉絲。

其實葛史密斯先生文章中所蘊含的智慧，很多都來自於我們東方老祖宗的經典、傳統的精華。透過他的演繹，再用現代化的方式傳遞回我們身上。我在整個理解貫通之後，總有「驀然回首，那人卻在燈火闌珊處！」的感嘆，世人在汲汲營營對外追尋答案的同時，是不是了解我們自己可能坐擁金山而不自知呢？

最後除了感謝葛史密斯先生的導引外，更感謝ＥＭＢＡ雜誌的方素惠總編輯給我這個機會為文作序。我和她說，如果我從其他管道知道這個消息，哪怕沒有和我聯繫，我也會親自打電話去毛遂自荐寫序推薦的！

這的確是本好書，一定值得您細細品味。

作者為旭榮集團執行董事，Workface Taipei創業者社群召集人

作者序
啟動一場領導之旅

多年來，我常搭乘飛機在全球各地旅行，有機會和不同地區的企業領導人共事。我發現，不論企業規模有多大，產業有何不同，不論是歐美還是亞洲的企業，很多主管的臉孔看起來卻越來越像。那就是，很多人顯得疲倦而愁苦。

環境快速變動，今天的主管要追逐趨勢浪潮已經很辛苦，在公司內部，他們更挫折於部屬不能理解自己的期望，無法達到預定的目標。他們心中常渴望，有什麼好用的工具讓團隊一夕之間脫胎換骨；他們希望，團隊成員都能像自己一樣。

也因此，在主管的聚會中，抱怨部屬有多不開竅，以及其他部門有多不合作，這類話題非常容易引起主管之間的共鳴。

事實上，這些主管落入了一個很大的陷阱：別人不是你，我們不是在管理自己。我們必須尊重人與人之間的差異，引導他們用自己的方式達到目標。

事實上，相較於做事，我們更必須學習處理人的課題。某些特質會幫助我們在職涯初期的工作成功，然後，隨著我們越來越成功，這些特質會逐漸消退到後面，成為背景，然後一些更微妙的特質開始變得重要。光是聰明還不夠，你必須聰明，但還要有其他的東西，例如，傾聽、適時給別人肯定。

這一切的轉變說來容易，但其實很難。這也就是為什麼到今天，還有這麼多有能力的主管跌跌撞撞，吃盡苦頭，才能學到一點教訓。這也是為什麼，在我們要求部屬改變時，自己就必須以身作則。

這是一場簡單卻不容易的旅程。對於主管來說，如果能在越早期，就理解當好主管的這些重要心態，越早啟航，就越能夠創造一支高士氣、高績效的團隊。

過去幾年來，ＥＭＢＡ雜誌的專欄刊登了我的一些文章。我在二〇一二年、二〇一五年兩次造訪台灣，收到很多讀者的回饋，告訴我這些文章對他們的意義和啟發。本書收錄了其中一些和領導相關的主題。我特意用簡短淺白的方式，一次討論一個主題，希望協助主管，一點一滴地做到這些簡單而重要的概念，成為更好的領導人。

希望這本書的出版，能幫助你和你的團隊變得更好。

生命真美好　馬歇

第一部

走在領導的路上

主管最容易落入的陷阱

01. 為什麼他不能像我一樣？

許多時候，負面的批判之所以產生，
往往是因為我們心中有「我才不會像他那樣做」的想法。

他是一位優秀的高階主管。他做事主動，對於自己在任何一個新環境總是能化險為夷，非常自豪。他極度聰明、認真努力、具創造力，而且有開創精神。他總是使命必達。他不僅不需要他人監督，也不喜歡別人試著給予他協助。

當我們在飛機上聊天時，他談到了最近開的一次會。他一邊說，一邊露出痛苦的表情，心情顯然非常沮喪。「我最後只好站起來離開，」他說，「我實在太生氣了，所以我決定最好不要再說任何一句話。假如我繼續留在那裡，我一定會叫那個人滾出去。」

「你的部屬做了什麼事，讓你如此生氣？」我問他。

「我已經再三告訴他，他應該要多承擔一點責任。」他嘀嘀咕咕地說。「然後，當我給他一個大好的機會時，他卻露出茫然的表情，要我告訴他該怎麼做。」

「這個行為為什麼讓你這麼生氣？」我想弄清楚他的想法。

他們不是你！

「我喜歡自己想辦法解決問題。舉例來說，公司曾經指派我到克羅埃西亞（Croatia）去成立一個新據點。我從來沒有去過那個地方，但是我自己想辦法把任務完成了。我真的無法忍受凡事都要人交代的那種人。我絕對不會像他一樣，在那個會議中做出那種反應。」

「我懂你的意思了。」我笑著說。「假如他能和你一樣，當主管的你就不會有任何困擾了。」

我說：「你有沒有想過，這世上大多數的人比較像他，而不是像你？大部分的人在被指派新工作時，都需要別人的提點。」

我接著說：「假如每個人都和你一樣，天下不就太平了？你的主管工作就會變得非常輕鬆。」（我是在反諷。）

坐在鄰座的他，此時應該很後悔主動找我聊天，因為他不能離開座位，只能坐在那裡聽我說個沒完。

當我問到家裡的情況時，他開始顯得侷促不安。「你也這樣對你老婆嗎？」我問他。

他嘆了一口氣。「我老婆真的好得沒話說。她對我最大的抱怨是，我總是要她『多做嘗試』，要她和別人一樣。」

「也就是說，要和你一樣？」我順著他的語意揣測。他點點頭，然後問我：「你覺得我該怎麼做才對？」

多一點協助，少一點評斷

對於工作，我給他的建議是：「接受一個事實，那就是，你的部屬不會和你一樣。有些人需要比較多的提點與指引，尤其是剛接新任務的時候。學著開始喜歡指導這些人，給他們多一點協助，少一點評斷。」

對於家庭，我的建議是：「回家後告訴你老婆，你在飛機上遇到了一個愛講話的禿頭男，他給了你一些免費的忠告。對於你總是要她和你一樣，向她道歉，請她原諒你對她的評斷。並且意識到『你並不是神』這個事實。讓她知道你以她為榮，你愛她原來的樣子，你很慶幸自己娶了她為妻。」

「你說得對，」他露出了微笑，「我真沒慧根。」

然後我告訴他，他應該為自己做些什麼。「原諒你自己，讓自己重新開始。過去的事就讓它過去。不要再嚴厲批判別人，也不要再苛求自己。大致來說，你是個優秀的主管，也是個好老公。而你可以把這兩個角色扮演得更好。」

「我才不會像他那樣做」

我們可以好好省思，自己曾有多少評斷他人的經驗。這些負面的批判之所以產生，往往是因為我們心中有「我才不會像他那樣做」的想法。

我發現，有一句話可以幫助所有人成為一個更好的領導者、夥伴、朋友與家人：多一點協助，少一點評斷。

假如你對你的同事、朋友和家人做到了「多一點協助，少一點評斷」，你想他們會有什麼感受？

我想，他們應該不會因為你看了這篇文章，並改變了作風，而寫信來罵我吧？

02. 當他們都需要你的建議時

她是個很棒的老闆，辦公室的門永遠對大家敞開，
然而，她的開放和參與，卻帶來了一個意料之外的結果……

我有一位客戶，她是一位非常投入工作、很有組織力的領導人。過去，她很驕傲自己能夠同時處理高壓力工作，又能保持健康的個人生活。她也是個很用心的媽媽，總是盡量在六點半之前回家陪孩子。她的員工都認為，她是個很棒的老闆，很樂意傾聽，辦公室的門也永遠對大家敞開。

然而，她的開放和參與，卻帶來了一個意料之外的結果：她開始找很多藉口越來越晚下班。最後，每天晚上九點半、十點，她都還在辦公室。起初，她以為，這是因為她熱愛她的工作。但當她好好分析自己的問題，發現這和她愛這個工作沒有關係。

問題出在，她的部屬太過依賴她了。

權力的另一個可能的黑暗面，就是創造了依賴。偉大的領導者知道，他們有多依賴組織裡的同仁。他們不會只靠職位所帶來的權力，來完成工作。他們會創造一種忠誠和尊敬，讓員工即使在最困難的狀況之下，都會受到領導人鼓舞而設法攻下山頭。但是，**依賴是一個雙向道。領導人越受員工尊敬和仰慕，員工就越感覺需要從領導人那裡獲得贊同。**

在企業裡，能夠接觸到領導人，可能被視為重要和被接納的象徵。員工常常假設，如果領導人選擇將他有限的時間，花在某個人身上，一定表示那個人的點子和意見很受重視。結果有時候，大家會搶著和主管見面談話，形成一種對主管的依賴，造成問題。

例如，前面提到的這位高階主管，就已經創造了一種環境，讓大家和她見面就像是去ＡＴＭ領錢一樣方便。結果形成了永不停止的循環，她永遠也離不開辦公室。大家總是隨時走進來，說：「我可以和妳談幾分鐘嗎？」我們都知道，「幾分鐘」永遠不會只有幾分鐘。她盡量給員工他們所要的，結果似乎是，大家要的太多了。

學習放手

於是，她想到一個好點子。下次當你覺得員工要的，比你能給的多太多時，我希望這個點子可以幫上忙。她和每位直屬的部屬安排了一對一的會議，討論他們的責任和她自己的責任。

首先，她問每個人：「我們來看看你的主要責任領域裡，有沒有什麼事情是我可以放手的？有沒有什麼地方，是我的幫忙可能帶來很大影響的？」

她的部屬都同意，在很多決策上，他們其實不需要她的意見。他們只是習慣性地來聽聽她的看法，而這種方式對雙方的時間，實在不是最好的運用方法。在經過這些討論後，大家就比較能把焦點放在，她的參與能夠帶來真正幫助的地方。

她的第二個問題，則和她自己的責任範圍有關。她問：「你曾經看過我做過我這個角色不需要做的事情嗎？有沒有什麼活動是我可以授權別人的？」每個人至少都貢獻一個好點子，關於她可以如何放手某些工作，來幫助她節省時間，更進一步發展部屬的技能。

她感謝每個人，幾乎執行了所有人的建議。她了解，問題部份出在，部屬感覺需要依賴她；另一部份問題則是，她需要感覺自己的重要性，以及被需要的感覺。

如果照著這個做法來進行，和部屬面對面的時間，就會變得非常有價值。一年之內，員工就會在工作上受到很好的訓練，以致你們可能需要討論的是，如何把和你面對面開會的時間再進一步減少。部屬都能獨當一面，做主管的你就大可放心了。

03. 我說不等於他做

今天，企業運作失靈最大的原因之一，就在於「我說」和「他做」之間的巨大鴻溝。

很多年前，我因為背痛的關係（因為顧問工作必須時常旅行），到醫生那裡看病。醫生做了一些檢查後，要我坐下來，飛快地告訴我，我應該定期做的十種不同運動。他講得很快。我對於「溝通」有一定的了解，我當下就知道，我不可能會記住他所說的，更不用說了解，或照著去做。這位醫生假設，當他作出了正確的診斷，並且告訴我該怎麼做之後，他的工作就完成了。他在待辦事項清單上打了個勾，該叫下一位患者進來了！

今天，企業運作失靈最大的原因之一，就是在「我說」和「他做」之間的巨大鴻溝。這是一項很大的錯誤假設，認為只要別人「了解」，他們就會去「做」。就像這位醫生一樣，領導人常常相信他們的企業會順著命令系統，有效率地運作。

我就曾經面對一位客戶，直接處理過這個課題。他是一家大型高科技公司的CEO，五十四歲，麻省理工學院畢業。就像我大多數的客戶，他極度行動導向，而且很沒有耐性。我對他的員工所做的調查顯示，他的員工覺得不了解公司的使命和整體方向。

「我不懂，」他低聲抱怨，「我在我們每次會議中，都清楚地說明公司的使命和方向。我還把這些內容摘要成一張備忘，發給大家。你看，就是這張，他們到底還要什麼？」

我原以為他在開玩笑，他過去常常在玩笑中語帶諷刺。但是當我從他臉上看到痛苦的表情，我可以看出，他是認真的，而且沒有頭緒。

要讓員工了解公司的使命，不能透過命令，結果也不會在一夕之間就發生。這位聰明的CEO當然了解，即使是溝通一個簡單的訊息，都非常困難。

「我們來回頭看看，」我說，「你是如何散發這張備忘的？」

「用email，」他回答，「我發給每個人。」

「好。有多少人實際讀了這張備忘？」

「我不確定。」他說。

「在讀這個email的人中，你認為有多少人了解這個訊息？」

他搖搖頭。

「在這些更少的人中，有多少人記得這個訊息？」

他又搖搖頭。

「就一項你認為對公司生存非常重要的事情來說，這裡顯然有很多事情是你不知道的。」我說，「但這還不是最糟的。當你把那些不讀、不懂、不記得的人去掉（很可能剩下來的人已經不多），你認為有多少人會根據這張備忘，改變他們的行為？有多少人會真正實踐公司的使命，活在其中，只因為你這張備忘？」

這位CEO扮了個鬼臉，聳聳肩。

打勾，然後「下一個」

我試圖讓他振作起來，告訴他，較深層的課題，是他對於溝通的錯誤信念，而不是這張備忘。

「你唯一有罪的地方，」我說，「是你打了個勾。你以為說出了公司的使命，寫了這張備忘，你的工作就完成了。你完成了待辦清單上的一個項目，你在心裡微笑，並告訴自己，『下一個』。」

我了解為什麼高階主管會這麼想。我們都寧願相信自己的意見很有意義，我們都假設我們身邊的人很聰明，都了解我們說的話，並看得出我們談話的價值。我們又都整天忙碌不已，要做的事情太多。我們希望趕快進行，好進入到我們工作清單的下一個項目上。

對每位主管來說（包括我這位CEO朋友），好消息是，**這個錯誤的想法有一個很簡單的藥方，叫作追蹤（follow-up）。在溝通之後，追蹤，以確定每個人都了解你的話。**和他們談談，看看他們是否真的認同（buy in）。過程中讓他們參與，來確保他們投入在執行上。

追蹤可能需要花一些時間，但是，這個時間會少於你浪費在溝通不良的時間。

04. 開口前，想一想

當我們隨意評論員工的發言時，
可能會啟動一連串超出我們能控制的事件，
淹沒了你一開始和員工講話的初衷。

你是一個領導人，你有沒有注意到，當你想到什麼就說什麼，公司裡會怎樣？「當領導人打噴嚏時，公司的每個人都會得肺炎。」這是每位主管在開口講話之前，都必須考慮到的事情。因為這個影響會整天留在辦公室裡，即使有時候主管的原意是讚美，也可能製造困惑。

舉例來說，我就建議客戶要非常謹慎，避免為部屬提出的構想打分數。很多主管都這麼做，當部屬提出建議時，主管會說：「這個構想太棒了！」這聽起來當然很好，這位部屬晚上回家會很高興地告訴家人：「你一定想不到，今天老闆對我提出的一個點子怎麼說？」但另一方面，如果你說：「這是我聽過最笨的點子。」這個回答的威力會大好幾倍，甚至可能留下永遠的傷害。

如果你的回答介於這兩者中間，可能是最糟的。員工會覺得：「那是不是說，我的分數是十分裡面的四分，而老闆其實期望更高？」「是不是老闆現在不喜歡我了？」如果你平日對員工的讚美既有力又有啟發性，那麼當你沒有讚美時，也可能發出既有力，又令人迷惘的訊息。

這就是我們隨意評論員工發言的後果。它可能會啟動一連串超出我們能控制的事件，淹沒了你一開始和員工講話的初衷。

關於這點，也許最極端的故事來自一家電話公司的ＣＥＯ。有一天，這位CEO開車回家時，剛好經過寧靜住宅區轉角的一個電話亭。「這個地方會有電話亭還真奇怪，」他想，「不知道這個電話亭為我們公司賺了多少錢？」

第二天，他在走廊上碰到一位非主管級的員工。他說：「我很好奇，我家附近的那個電話亭為我們賺了多少錢？這不是什麼大事，不需要花太多時間，給我個紙條就可以了。」

員工查了一下資料，正準備記下來，他的直屬主管剛好走進來，問他：「你在做什麼？」

「喔，這是CEO要的。他剛才經過，想知道他家附近的那個電話亭，為公司賺了多少錢。」

「你不能只是給他一張小紙條。這樣你就沒有比較這個電話亭和這個區域其他電話亭的資料。」主管驚呼。

因此，這個問題就跑到更高的層級上，然後又往上升到更高的層級。你可以想像結果如何。大概兩個月以後，公司的執行副總裁以及區域經理走進ＣＥＯ的辦公室，帶著一本像電話簿一樣厚的文件夾，內容是公司所有電話亭的分析資料。

ＣＥＯ一臉茫然，他說：「我真不知道你們在說什麼。」他事後告訴我，他只不過問了一個小小的問題，卻花掉公司一百萬美元以上的資源。

咬住你的舌頭

大多數老闆都很聰明，可以感受到他們的評論所帶來的影響。他們知道，一個無害的建議可能會被視為一個命令。這就是為什麼，他們常小心翼翼地表達他們的想法，讓大家知道有些話不要太過認真看待。問題是，不論你在對話中灑了多少糖精，當說話的人是ＣＥＯ，這就不是一場公平的戰鬥。

當ＣＥＯ想要維護自己的權威時，會不吝於把自己的威權份量展現出來，但是，當他們想要儘可能展現民主和公平時，他們卻忘了，他們仍有很大的份量。**如果你是老闆，收回拳頭是沒有意義的，它仍然帶有很大的殺傷力。有時，更聰明的做法是乾脆不要出拳。**

所以，咬住你的舌頭吧！有時候，比我們想像得還要更多的時候，只說「謝謝」，或什麼都不說，帶來的困惑會比較少。因為不論你是不是有意，你說的話都有威力把人擊倒。

05.
不只做事，學會做人

隨著你的事業階梯爬得越來越高，
你的人際技巧將顯得越來越重要。

如果眼前的人才裡，每個人的技能都一樣，都是很好的學校畢業，成就難分軒輊，掛出來的「人生打擊率」也差不多，你會雇用哪一個？你會怎麼決定升遷誰，拋棄誰？

很可能，你會開始密切注意，他們的行為怎麼樣？他們如何對待同仁與客戶？他們在會議中如何講話和傾聽？他們在工作中的行為舉止，會成為大家的潤滑劑，還是常常製造摩擦？

歡迎來到組織高階的真實世界。

我們會將這些行為標準，套用在幾乎每個成功的人身上，包括我們的CEO。然而，有時候我們會忘記，要套用在我們自己身上。結果是，我們忘了我們的行為可能會成為阻礙。

隨著你的事業階梯爬得越來越高，當其他的條件都一樣，你的人際技巧（或者你缺乏人際技巧），將顯得越來越重要。事實上，**當其他條件都一樣，你的人際技巧將會成為「你可以爬多高」的關鍵因素。**你會希望誰來擔任財務長？一個普通好的會計師，但很知道如何和外面的人相處，也很會管理那些非常聰明的部屬？還是一個很棒的會計師，但拙於處理外界關係，並且和下面的聰明部屬非常疏離？

這應該不是一個很難的選擇。幾乎每一次，有很好人際技巧的候選人，將會勝出。很大部份原因是，他將能雇用比他更聰明、更會處理金錢的人，而且他能夠領導他們；相反地，那個非常棒的會計師，卻不能保證現在或可見的未來可以做到這件事。

某些特質會幫助我們在第一個工作成功著陸，然後一路發展。但是，隨著我們越來越成功，這些特質會逐漸消退到後面，成為背景，然後一些更微妙的特質開始變得重要。光是聰明還不夠。你必須聰明，但你還要有其他的東西。

例如，我們假設醫生的醫術沒有問題，因此，我們會依據他臨床的態度來評斷他。應該沒有多少人會記得，威爾許是化學工程博士。那是因為，他過去三十年在奇異公司（ＧＥ）所遭遇的問題，沒有一項與他在化學滴定或塑膠合成的技能有關。

當他在競爭ＣＥＯ的職位時，一度阻礙他的特質都和行為有關：他的魯莽無理、語言率直、無法忍受笨蛋。當他創造利潤，並且爬上奇異的高階主管階梯後，他的軟性行為技能開始變得很重要。奇異的董事會想知道他的行為舉止，能不能像個ＣＥＯ一樣。

領導人的王牌特質

如果，你必須準備一張履歷表，上面不能強調你從哪個名校畢業，你在哪個偉大公司有過五年經驗，或者你現在工作的頭銜是什麼。你在履歷表上所能提供的資料，是你的人際技巧（這些技巧必須是真實的，而且有證據），你的答案會是什麼？

- 能夠傾聽？
- 能夠給別人恰當的肯定？
- 能分享，不論是為了達到成功所需的資訊，或者成功後的功勞？
- 當別人驚慌時，能保持冷靜？
- 能在中途修正？
- 能承擔責任，承認錯誤？
- 能聽從別人的意見，甚至（特別是）比你低階的員工？

- 有時候，讓別人顯示他是對的？
- 能夠避免偏心？

就一個資淺員工來說，這些特質雖然很吸引人，但通常並不是資淺員工會被讚美的地方；然而，當你在事業曲線不斷爬升，當你到達領導人的位置，你就非常需要這些王牌特質。

當你拿掉技術上的成就，以及一些豐功偉業，哪些是會讓你更上一層樓的人際技巧？請你選一個，任何一個你覺得你所缺乏的人際技巧，現在就開始培養。

06.

別急著為點子加值

許多主管習慣在員工的點子上，再多添加一些意見，原來出於好心的建議，卻可能導致員工失去十倍的熱忱。

這兩個一起吃晚餐的人顯然音波是一樣的。一個是我的朋友凱森巴赫（Jon Katzenbach），前麥肯錫公司合夥人、國際知名的顧問；另一位坎納（Niko Canner），是他的工作夥伴。

他們正在計畫一項新專案，但有時候他們的對話會有點問題。坎納提出一個點子，凱森巴赫就會打斷他：「這個主意很棒，」他說，

「但如果你……，可能會更好。」然後他會提出他的方法，該怎麼處理這個事情。他說完以後，坎納會再提起他剛才沒有講完的其他事情，然後凱森巴赫又打斷他。來來回回，就像是溫布敦網球場上一樣。

作為餐桌上的第三者，我看，我聽。這是我平常擔任主管教練的工作方式。我協助聰明、成功的人士，找出他們個人可以改善的挑戰，然後教練他們做得更好。我很習慣觀察別人的對話，從他們的對話中聽出，為什麼即使是最有成就的人，有時候也會惹惱他們的老闆、同事和部屬。

聰明人士的經典行為

通常，我會安靜地坐在旁邊，但是凱森巴赫現在展現的，是聰明人士最容易出現的經典行為。當坎納離開餐桌時，我笑著說：「也許你應該照著坎納的想法。不要再試著為討論過程添加太多附加價值。」

我的經驗裡，成功人士最常見的共同挑戰，就是常常想要贏。當事情很重要，他們想贏；當事情不重要，他們也想贏。即使這個問題不值得花力氣，或者明顯地是他們很弱的部份，他們仍然想贏。

研究顯示，我們達到的越多，我們越容易想要「對」。在工作會議上，我們希望我們的立場獲勝；在平日爭論時，我們拿出所有的論點，來取得上風；即使是在超級市場排隊結帳，我們也會不斷掃描其他隊伍，看看有沒有哪個隊伍看起來動得比較快。

品質提升五%，員工投入降低五〇%

凱森巴赫的例子裡，他顯示的正是想在談話中添加太多價值。在聰明人來說，這種狀況很常見。他們可能仍然殘留由上而下的管理風格，即使他們並不想要這樣。這些領導人夠聰明，知道大多數部屬在某些領域知道得比他們還要多，但是他們很難改掉老習慣。他們很難靜靜地傾聽別人提出資訊，而不表示他們其實已經知道了，或者他們知道得比對方還更多。

問題是，透過這個方式，他們可能對這個點子的品質提高百分之五，卻對員工執行這件事情的投入程度降低了百分之五十，因為他們已經把員工對於這個點子的所有權拿走了。這就是添加價值的謬誤。他們可能在點子的品質上獲得了一些東西，但是卻在員工的熱忱上，失去了十倍。我的一位客戶說：「不幸的是，在CEO的這個位置上，我的建議常常被當作是命令，即使我並沒有這個意思。」

後來，凱森巴赫和我一起，對於這次晚餐事件大笑了一頓。作為全世界建立團隊、提高團隊士氣方面，最頂尖的權威，他知道對的答案是什麼。他很驚訝於他自己有多常說：「但是……。」這顯示一個人想贏的心態，可以多麼有害。

不要誤會，我並不是說，領導人應該永遠把嘴巴閉上，只為了不讓部屬情緒低落。我想要提醒的是，**隨著你在組織的位置越來越高，你越需要讓其他人贏，而不是只有自己贏。**

對老闆來說，這表示你要小心表達鼓勵的方式。如果你發現自己說：「很好，但是……」，不妨先斬斷你對於這個點子的想法。更好的是，在說話前深吸一口氣，問自己，你要說的這些話，值得你說嗎？我的一位客戶說，當他學會這個習慣後，他了解，至少他要說的話中，有一半其實是不值得說的。

至於員工，要對於自己的專長有信心，捍衛你所相信的事情。很多年前，一位經驗豐富的巧克力製造商，同意為已故的服裝設計師布拉斯（Bill Blass），設計一盒裝有十二個巧克力的樣品。巧克力師父們設計了十二種不同的巧克力，來讓布拉斯確認。但是，他們擔心布拉斯可能會覺得沒什麼選擇，因此刻意放進一些比較沒有那麼好的巧克力。令他們驚慌的是，結果布拉斯竟然選上比較差的巧克力。布拉斯在服裝上有偉大的品味，但在巧克力上沒有。

在他離開房間後，巧克力師父們彼此面面相覷：「我們該怎麼辦？」最後，公司的負責人，也就是已經經營七代的家族企業老闆終於拿定主意：「我們了解巧克力。他不懂。我們就做我們喜歡的給他吧！」

07.
你喜歡別人拍馬屁嗎？

大多數人都很討厭別人拍馬屁，企業領導人也不例外，但為什麼企業裡還會有這麼多逢迎拍馬的現象？

我曾經審核過一百家以上大型企業的領導力分析，其中有五十家是我協助發展出來的。

這些文件通常都強調，公司希望的領導方式是正向的激勵，例如溝通清楚的願景、協助部屬充分發揮潛能、設法看出不同意見的價值、避免偏心。

有一項領導方式是我從來沒有看到的：有效討好管理階層。幾乎每家公司都說，它希望員工能「挑戰制度」、「勇於表達意見」、「說出心裡真正的想法」；真實的狀況卻是，公司裡有很多人正努力地在拍上司的馬屁。

不只公司強調不喜歡這種卑賤的行為，領導人也這麼說。幾乎我所認識的每個領導人都告訴我，他們絕對不鼓勵公司有人有這樣的行為。我並不懷疑他們的真誠。大多數人都很討厭別人拍馬屁。這就出現了一個問題，如果領導人說，他們不鼓勵拍馬屁，為什麼企業裡會有這麼多逢迎拍馬的現象？

看不到自己的問題

有個很直接的答案：儘管我們無意這麼做，但是我們往往無意間創造了一個環境：鼓勵大家讚美，即使這些讚美完全沒有理由。

我們很容易在別人身上清楚看到這點，但我們就是看不到自己有這個問題。

因此，你可能會想：「葛史密斯這傢伙說得對，很多領導人都很容易發出訊號，鼓勵部屬壓抑批評，放大讚美。而且，這些領導人都看不到自己有這個問題。當然，葛史密斯說的不是我。我在公司裡才不會這樣。」也許你是對的。但你怎麼能這麼確定，你沒有忽略了自己的問題？

我常用一個測驗來測試客戶，凸顯我們會不自覺地鼓勵別人拍馬屁。我問一組領導人：「有多少人家裡有養狗？」當這些領導人舉手時，臉上往往帶著大大的微笑。他們掛著笑容告訴我，他們忠誠愛犬的名字。然後，我會請他們做一個題目：在家裡時，誰得到你更多的喜愛？選項是：一、你的先生或太太；二、你的小孩；三、你的愛犬。百分之八十以上，贏家都是，愛犬。

然後我問他們，他們是否愛狗，更勝於愛家裡的其他成員？答案往往是一迭連聲地：「不不不。」我接下來會問：「所以，為什麼狗會得到你更多的注意和肯定？」他們常會異口同聲地告訴我：「因為狗永遠很高興看到我。」「狗永遠不頂嘴。」「狗會無條件地愛我，不論我做什麼。」換句話說，狗是個很厲害的拍馬屁者。

我自己其實也好不到哪裡去。我家裡養了兩條狗。我常常在外旅行，當我回家時，我的狗兒們會興奮不已。我一開車回到家，第一個念頭就是打開前門，然後直接對著狗兒大叫：「爹地回家了。」然後，我的狗永遠會跳上跳下，狂搖尾巴。然後，我會給牠們一個大大的擁抱。

有一天，當時還在念大學的女兒剛好從學校回來。她看了看我和狗之間的這一連串互動，然後她厭煩地看看我，像狗一樣把手舉在空中，學著狗叫：「汪！汪！」

一針見血。

他有多喜歡我？

一不小心，我們很容易就在工作時，像對待狗一樣地對待別人：我們獎勵那些永遠不經思考就贊成、對我們無條件仰慕的人。結果，我們會得到什麼？致命的馬屁精。

領導人應該如何停止鼓勵這樣的行為呢？首先，承認我們都有一種傾向，喜歡那些喜歡我們的人，即使我們不是有意這樣做。然後，不妨以三個問題評估我們的直屬部屬：

1. 他們有多喜歡我？我知道你不確定，重要的是，你「覺得」他們有多喜歡你？
2. 他們對我們公司和顧客的貢獻是什麼？
3. 我給他多少正面、個人的肯定？

大多數狀況是，如果我們對自己夠誠實的話，我們給部屬的肯定，往往和我們認為他有多喜歡我有關，而不是和他的績效多好有關。

如果你的狀況也是這樣，我們可能正在鼓勵這種我們討厭的行為。在無意間，我們在這類空泛的讚美中感覺舒服自在，然後不知不覺地，我們也成為了一個空泛的領導人。

08. 別人不是你

大多數領導人都覺得自己很棒，
也會情不自禁地希望公司充滿自己的翻版。

以我們希望被對待的方式來對待別人，未必是對的。因為他們不是我們。

很多領導人都假設，部屬的行為應該就像他們一樣，會喜歡他們喜歡的。你不能怪他們，大多數領導人都覺得自己很棒。如果我是個成功的老闆，也會情不自禁地希望公司充滿我的翻版。要是能夠確保所有的事情都照我的方式進行，該會有多好啊！

如果這樣做有效就好了。在溝通風格方面，領導人特別容易犯這個錯誤。當我開始和鮑伯一起共事時，我就親眼看到了這個問題。

鮑伯是一家非常成功公司的ＣＥＯ。但是對於鮑伯的領導風格，員工的感受卻不太好。一方面，員工的回饋顯示，在開放式的討論時，他常常公開批評對方的意見；另一方面，對於一些決定，他常常改變心意。

一般來說，這兩個特質往往是互斥的：會在公開討論時抨擊別人的人，常常不是會改變心意的人。直到鮑伯的董事長告訴我一些事情之後，我才看出道理：「你要了解，鮑伯是和別人爭辯，以及和自己辯論的世界冠軍。他是全球最頂尖的大學辯論校隊裡的明星。」

鮑伯對於任何新點子的自然反應，就是進入辯論狀態，希望找到開火的目標。舉例來說，一位比他低三階的主管哈利，在會議中提出了一個意見。鮑伯會一躍而起，立刻提出反面的論點。哈利知道自己面對的是老闆，因此反應並不快，他對辯論也沒有那麼在行。結果是，鮑伯讓哈利在同事面前顯得很蠢。

錯誤的「以為」

哈利對於這場辯論的反應很簡單：以後別再表達鮑伯不想聽的意見了。更好的做法是，走安全路線，根本連開口都不要開口。鮑伯認為自己在辯論，哈利卻覺得自己被上司臭罵了一頓。

鮑伯喜歡辯論，包括和自己，這就使情況更惡化了。如果有人在會議中說：「我們要不要試試這麼做看看？」鮑伯會先同意。幾天以後，當他有充足時間和自己辯論一番後，他又改變心意了。他會說：「也許這麼做不太好。」在他腦袋裡，他覺得自己心胸開放；在他同仁的看法裡，他把大家弄得團團轉。

我的工作就是要讓鮑伯看到問題，我稱它作「黃金定律的謬誤」

（golden-rule fallacy）。他假設他的員工就像他一樣，也想要像他一樣被對待。

當我告訴鮑伯，員工對他的回饋內容時，他生氣地說：「這其中一定有什麼誤會。我喜歡的是，讓大家拋開顧忌，彼此說出真正的想法。」

「很好，但他們不是你。」我說。

「我表達一個意見，然後另一個人表達一個意見，我們進行一場健康的辯論，這樣到底有什麼不好？」他問。

顯然，鮑伯漸漸地引誘我進入一個熱烈的辯論狀態。我回答：「是的，但你是CEO，他們不是；你有很高的學歷和智商，他們可能沒有；你是頂尖大學的頂尖辯論校隊，他們不是。他們在這場遊戲中打敗你的機率幾近於零，所以他們乾脆不參加。」

「那吉姆呢？」鮑伯反擊。「前幾天我和他談起一件事情，我們意見不同，但熱烈討論。他告訴我，他對於我的一個計畫有不同的看法。我們針鋒相對，你來我往，結果發展出一個很好的解決方案，比我們兩個人一開始想的都要好。吉姆告訴我，他多麼感激我的坦率。這場辯論多麼有趣。請問你怎麼解釋這個狀況？」

我回答：「吉姆是年輕版本的你。他有很好的學歷，他聰明，反應也很快。你不會嚇到他。不幸的是，這世界上很少有人像吉姆那樣，或者像你。如果他們都像你，那麼你的領導風格就是很完美的風格。」

突然間，鮑伯的燈泡似乎突然亮了。他看到，關於如何對待他人，他過去是處在一種錯誤的假設下。因此，他改變了行為。他會注意自己進入辯論的衝動。當這種狀況讓部屬處在一種不利狀態時，他會遏止自己。他常常邀請大家在會議中說出意見，然後在他開口挑戰這些意見之前，會想一次，兩次，三次。

作為一個領導人，他開始做清楚的決策，不再反覆和自己辯論，引起大家的困擾。十二個月後，鮑伯的團隊成員都認為，他變成一位更好的領導人。

在領導上，黃金定律並不是永遠管用。**如果你以自己喜歡被管理的方式，來管理別人，你就忘記了一點：你不是在管理你自己。**

09.
停止做太擅長的事

舊的不去，新的不來，
如果只是一直專注於現在的事物，怎麼有辦法向前邁進？

說到改變行為，人們通常有兩種選擇：一、嘗試新的行為，例如星期六早上晨跑，或星期四下午打通電話給爸媽等；二、去除某些既有的行為。

去除某些事情，會讓人感到放鬆和療癒，但很多人不太願意這麼做。這種情況就像打掃閣樓或車庫時，我們不知道自己以後會不會後悔，丟掉了某些原本屬於自己生命裡的東西。或許以後我會需要它？或許它是我將來成功的秘訣？

在我的職業生涯中，意義最重大的蛻變，就是因為「拿掉」了某件事。但是，這不是我自己的主意。

年近四十的時候，我飛遍全美國，替許多公司講授組織行為學，讓我因此賺了不少錢。當時，要不是我的導師赫希（Paul Hersey）提點，我不可能會有所成長。

「你把自己擅長的事做得太出色了，」他說，「你靠著在企業裡講課，賺了太多錢。」

當有人說你「太出色」，你的腦袋會暫時停住，並沉浸在這個讚美裡。不過赫希話還沒說完。

「這對你的未來沒什麼幫助。」他說，「你既沒有在做研究，沒有在寫作，也沒有發展新的想法。你是可以持續很長一段時間，不斷做現在在做的這件事，但如此一來，你永遠不可能成為你想成為的那個人。」

赫希是我非常尊敬的導師，他的這番話深深觸動了我。我知道他是對的，我太忙於讓自己的人生過得舒適順遂。在未來的某個時候，我可能會覺得這樣其實很無趣，不想再過這種日子，但發現時可能為時已晚，無法再做什麼改變。除非我去除一些現有工作（通常很有賺頭），不然我沒有辦法替自己創造一些新的東西，然後我就會像杜拉克（Peter Drucker）所說的那樣：「將未來的自己，獻祭給今天的我。」

我一直非常感激赫希給我的這個建議。

清出空間，讓自己成長

我們都有過經驗，擺脫那些傷害自己的事物，特別是那些當我們拿掉後，會對我們有益，且立即看見效果的事物。例如，我們會和不值得信賴，且傷透我們心的朋友絕交；停止攝取讓自己焦躁不安的咖啡因，或是改掉可能會害死自己的壞習慣。如果行為產生的結果，會對自己造成很大的傷害，我們就會選擇擺脫它。

然而，真正的挑戰是，拿掉那些我們喜歡做的事情，例如，採取事事過問的微管理模式。表面上，這些事情對我們的職涯不會造成傷害，我們甚至可能認為，做這些事情會替自己帶來益處。

如果可以擺脫那些讓我們很自在的事情，那些我們「太擅長」的事情，那些會阻礙自己前進的事情，我們便有更多空間，成為我們想要成為的自己。

10. 當你不同意部屬意見時

當員工提出了一個你不同意的想法時，
先後退一步，想一想，你會看到不一樣的角度。

我常常要主管鼓勵員工，不要對他們的意見潑冷水。有人問我，如果部屬提出一個構想，而你相信這個構想行不通時，該怎麼做？

我的導師、組織行為學教授赫希常教我：「領導並不是在比賽誰比較受歡迎。」作為一個領導人，你必須把重點放在達成使命上。有時候，這代表你必須不同意部屬的看法，並且在困難的課題上，表達你的立場。

另一方面，我的朋友兼同事，學者寇西斯（Jim Kouzes）則指出：「領導並不是在比賽誰比較不受歡迎。」偉大的領導人會聚焦於和他領導的成員建立正面、持續的關係，而且會敏感地察覺，部屬如何看待自己。

那麼該怎麼做呢？首先，遵守「做對的事情」的哲學，並且讓員工參與，賦權優秀的人才。

贏得這場戰役值得嗎？

問自己一個簡單的問題：「贏得這場戰役值得嗎？」如果你相信，這是公司很重要的課題，那麼堅持你的立場；如果這件事情對你的部屬很重要，但對於公司其實沒有那麼要緊，讓他去吧！

不要設法證明部屬錯了。很有可能你的直屬部屬很聰明，而且對工作很有興趣。特別是那些主動提出行動方案和建議的人。當你的意見和他的意見不同，並不表示他一定錯。也許你很難相信這點，但有時候，可能是你錯了。

不要在各方面都想贏

在提出回應前，專心地傾聽和思考。有時候，當你向後退一步，回去想一想，你會看到不一樣的角度。

如果你可以執行這位部屬提出來的部份意見，就做這一部份。部屬不會期望你對他的建議照單全收，只要有部份受到肯定，他們也會感到欣慰。

如果你最終就是不同意他的看法，態度尊重地讓他知道，你已經傾聽，也仔細思考過他的想法，而這次你選擇不執行這個提案。說明你的邏輯，讓他知道，你的意思並不是說他錯了。而且讓他知道，就算是一個善意、聰明的人，有時候也可以不同意別人的意見。

不要在各方面都想贏。當你可以的時候，不妨接受他的點子。當他不同意你，並贏得了這次討論時，支持他的點子。就像當他並不贊成你的看法，最後你仍然選擇這麼做時，你也會希望他全力支持你。

第二部

在呼吸之間，領導

主管應該有的新態度與行為

11. 領導的開關，永遠不關上

如果你想要作為一個偉大的領導人，終己一生，你都必須要注意你所說的話，以及你所採取的行動。

「難道這表示，從現在開始，這輩子在每個會議上，我都要注意我每一句話，擔心我每一個行為嗎？」哈利問。

這家公司的CEO吉姆，請我為他的部屬，也就是未來可能的CEO人選、現在的執行副總裁哈利，擔任教練。在教練的過程中，哈利必須從和他的工作相關的人士那裡，包括他的上司吉姆，獲得意見回饋。

吉姆針對最近的一次團隊會議中，哈利的某些行為，提出意見回饋。某些與會同仁認為，就這個階層的主管來說，哈利當時展現了不太恰當的行為。整體來說，哈利在公司裡一直被大家公認為策略天才，他的商業頭腦奇佳，但是在處理人的事情上，卻有點粗糙。有時候，他脫口而出的一些話，常會對別人造成無心的傷害。對於這些看法，哈利認為，這些同事實在要求太多了。

「歡迎來到我的世界！」吉姆嘆了一口氣說，「如果你曾經想要做一位CEO，你就要習慣這件事。在你今後的所有會議中，大家都會注意聽你說了什麼，看你做了什麼。你應該很感謝自己獲得這個誠實的意見回饋，而且有機會能夠從中學習。」

吉姆的建議一點都沒錯。你在組織中爬得越高，越多人會仔細聽你的每句話，詮釋你的每個行動。由於企業界裡，有一些高階主管的行為相當惡劣，再加上高階主管的薪酬待遇通常比較好，因此，今天的高階主管接受更多的檢視，也承受比以前更大的壓力。

小心你的每句話

過去，高階主管如果有不恰當的行為，商業媒體通常溫和處理，就讓他們過關。但那個時代已經過去了。今天，科技的進步，讓一個人最小的失誤，在幾分鐘內就可以透過部落格到處流傳。人們很容易就可以拍攝照片或錄影，上傳到網路上，因此，任何你以為是私密的狀況都可能被公開。

儘管這些資訊片段或錄影畫面可能引起尷尬，但領導人應該注意自己行為的最重要原因，不是媒體或網路，而是對於自己領導的團隊帶來的潛在影響。作為一個領導人，你的行為很重要。在組織內，你爬得越高，你所擁有的影響力越大，而你的行為可能影響的人數也越多。如果你想要作為一個偉大的領導人，最好學習接受這個概念：終己一生，你都必須要注意你所說的話，以及你所採取的行動。

乍看之下，領導人的某部份工作好像很令人興奮，例如你可以號召你的團隊，達到願景，慶祝成功。事實上，有些工作卻是極其無聊，但這些工作卻非常重要。從來沒有人拍過一部電影，來看看領導人如何度過冗長無比的會議，或如何看一個又一個的簡報，但那卻是領導人工作的一大部分。

很多高階主管花一個小時又一個小時，針對他們已經知道的題目，或者反正永遠不會改變的題目，聽很無聊的 PowerPoint 簡報。但最好的領導人知道，這些簡報可能是各階層員工許多小時努力的結果。他們知道，這些員工有多在乎老闆的反應。

卓越的領導人會很積極的傾聽，並且以關心、興趣、熱誠的態度來溝通，不論他們有多疲累。他知道，房間裡的每個人，不只是在聽他的話，而且也在看他的表情。對員工來說，同仁臉上任何無聊、冷漠的訊號，都可以被忽略，但是如果這些訊號來自領導人，可能就會帶來毀滅。另一方面，肯定和支持會讓員工覺得這些付出很值得，並且在經過很多努力後，仍會產生靈感。

如果你想成為偉大的領導人，要認清，當你和你領導的人在一起的時候，你的開關上永遠沒有「關」的項目。要了解，你所增加的權力，會伴隨更多的監督和更大的責任。

下次，你和同仁在會議時，當你開始覺得無聊，或者已經無法集中精神時，就想像你是在錄影吧！想像你的話、行動，甚至表情，都會被錄下來，並寄給那些在乎的人。

然後，再想想，房間裡的人正在注視你，你的團隊正在傾聽你，他們真的在乎。該怎麼做，就那麼做吧。

12. 我所學到的領導功課

真正的領導人，不是那些可以指出哪裡有問題的人，而是可以讓事情做得更好的人。

就像很多年輕的博士學生一樣，我對我自己的聰明、智慧，以及對人性的深刻洞見，感到很自豪。我能夠很快地判斷一個人，看出他們做錯了什麼。對於這點，我的能力常常讓我自己驚嘆。

UCLA教授凱斯（Fred Case）是我博士論文的指導教授，也是洛杉磯市政府規劃局的領導人，我在那裡進行我的論文研究。那個時候，他可說是決定我事業生涯最重要的一個人物，也是我打心裡尊敬的一個人。他做了很多事情，來協助整個城市變得更美好，也做了很多事情，來幫助我。

大多數時候，他看起來都很愉快樂觀，但有一天他似乎很不高興。他看著我，大聲說：「馬歐，你到底是哪裡出了問題？我聽到市政府裡一些人說，你很負面、容易生氣，常常很容易先入為主地判斷事情。到底是怎麼回事？」

「你不能相信，整個市政府多缺乏效率。」我嚷著說。我很快地舉了幾個例子，有關納稅人的錢如何沒有以我認為應該的方式有效運用。我相信，如果領導人聽我的話，整個城市會變得更好。

「真是令人吃驚的突破呀！」凱斯博士故意挖苦地說，「你，馬歐，發現了我們的市政府缺乏效率。我很不願意告訴你這點，但是馬歐，我常去理髮的轉角那家理髮廳，裡面的師傅幾年前就發現了。你還有什麼困擾？」

我沒有因為這暫時的挫折而受阻，我憤怒地繼續指出幾個行為問題。這些問題大多是市政府對於曾經提供政治捐款的有錢人的偏袒行為。

聽了這些話，凱斯博士笑了起來。「這是第二個令人吃驚的偉大發現！」他笑著說，「你深刻的調查技巧讓你發現了，政治人物可能會對他們的競選捐款者給予更多的注意，相較於他們競爭對手的選民。我很抱歉必須告訴你，我的理髮師傅知道這點也很多年了。我恐怕不能因為你這項洞察力，而給你博士學位。」

你正變成一個頭痛人物

當時他看著我，臉上流露出只有多年經驗的人才能顯現的智慧。他說：「我知道你可能認為我太老了，可能跟不上時代。但我在市政府已經工作很多年了。你是否曾經想過，即使我很遲緩，可能我也發現了一些東西？」

然後，他提出了我永遠不會忘記的忠告。「馬歇，」他說，「你正變成一個令人頭痛的人物。你沒有幫助那些本來應該是你客戶的人，你沒有在幫助我，你也沒有在幫助你自己。我要給你兩個選擇：

選擇A：繼續生氣、負面，以及喜歡批評別人。如果你選擇這個選項，你會被開除，你可能永遠都不會畢業，可能會浪費你過去四年的時間。

選擇B：開始享受樂趣。不斷嘗試帶來一點建設性的改變，以對你自己和周遭的人都正面的方式，來進行這些改變。

我的建議是，你還年輕，生命很短暫。開始享受樂趣吧！你會選哪一個，孩子？」

我終於笑了起來，並回答：「凱斯博士，我想，現在是我開始享受一點樂趣的時候了。」

他笑了，說：「你是個聰明的年輕人。」

我一生中，大多數的時間都在和大型企業的領導人相處。同樣地，就算不是天才，也可以看出，很多時候，公司實在是可以更有效率點。幾乎每個員工都會有這種「突破性」的發現。同樣地，就算不是天才也可以知道，有些時候，大家對自己的福祉，而不是對公司的福祉更感興趣。很多員工也早就知道這一點了。

真正的領導人，不是那些可以指出哪裡有問題的人。畢竟，幾乎每個人都能夠指出問題。真正的領導人，是可以讓事情做得更好的人。

擁有美好人生的關鍵

凱斯博士教了我偉大的一課。他的教練不只是協助我拿到博士學位，以及變成一個更好的顧問，他教我有了更美好的人生。

想一想你自己工作時的行為。你向周遭的人傳達了愉快和熱情的感覺嗎？或者，你花了太多的時間，在生氣、批評？

你是否有一些同事，行為就像我年輕時那樣？你被他們惹得很毛，或者你嘗試幫助他們，就像凱斯博士當時幫助我一樣？如果你從來沒有試著幫助他們，為什麼不試試看？也許他們有一天會寫一篇關於你的文章也說不定。

13. 你喜歡領導別人嗎？

優秀領導人和成就傑出的個人不一樣，對後者而言，成就是與他們自己有關；對前者來說，成就與他人有關。

我讀過無數領導方面的書，自己也編寫過二十二本這類書籍，還協助一百多家企業探討過他們想要的領導行為特質。可是在評估未來領導人的潛力時，我們卻一再忽略一個關鍵的問題：你究竟有多麼喜歡領導別人？

我曾經有幸和很多優秀領導人共事過。回想起來，其中那些最了不起的領導人，都有個共通點：他們都熱愛領導別人！

彼得杜拉克常說，賀賽蘋 (Frances Hesselbein) 是他見過最偉大的領導人。她是前任世界女童軍執行長、「領導人學會」(Leader to Leader Institute) 主席。我非常同意杜拉克的看法。過去二十五年來，我擔任女童軍的義務顧問，和她合作過無數專案。她是我最好的朋友之一。

只要一談起領導工作，賀賽蘋的眼睛立刻放出璀璨光芒，臉龐熠熠生輝。不論面對個人或事業上的挑戰，賀賽蘋永遠態度積極、充滿活力與靈感。她認為領導是環狀的，領導人穿越組織，與同事接觸，而非由上而下管理部屬。激勵她的動力，從來不是外在的金錢或地位，而是發自內心，對服務，以及她的工作的喜愛。

穆拉利 (Alan Mulally) 也是我認為最棒的領導人之一。他曾經擔任波音商用飛機公司 (Boeing) 執行長，福特汽車公司 (Ford) 執行長，我認識他好幾年。他經常面對極為棘手的挑戰。一般人碰到這樣困難的情況，往往會舉雙手投降，可是他沒有。

我從來沒見過他對自己、部屬或公司沮喪。他的一身幹勁總是感染周遭的人，而且不論做什麼，都帶著孩童似的歡樂心情。穆拉利有一次告訴我：「我每天都要提醒自己，領導的重點不是關於我自己，而是那些與我共事的人。」

穆拉利對於他所做的事情的喜愛，讓他能夠超時工作，並面對駭人的逆境面不改色，臉上還經常帶著笑容。他以身作則所傳達的訊息，比任何話語都還多。

領導人會想到別人

退休的辛士奇（Eric Shinseki）是前任美國陸軍參謀長。他不斷對軍中的年輕士兵和軍官溝通一種做為軍人的驕傲感。他對於四星上將所擁有的權力並不執著。事實上，他把這種隨之而來的地位和權勢，看作必須克服的挑戰。當他談論到為了國家犧牲生命的勇敢士兵，他的聲音充滿情感。簡單地說，辛士奇將軍是軍人中的軍人。

雖然我對他同樣尊敬，但他必須克服的逆境，比賀賽蘋和穆拉利還多。他曾經嚴重受傷，他必須有勇氣說和做那些他認為對士兵來說對的事情，儘管這些事在政治上可能很不受歡迎。他對服務和領導別人的熱愛，產生了一種誠信正直，遠超過任何勵志演講所能傳達的精神。

優秀領導人和成就傑出的個人不一樣，對後者而言，成就是與他們自己有關；對前者來說，成就與他人有關。

就算沒有領導別人，你也可以有很好的事業，成為很好的個人。例如，你可以成為一個熱愛教學的老師、一個熱愛銷售的業務員、一個喜歡表演的演員。

優秀領導人的許多特質也適用其他專業，像是正直、有遠見、重品質、顧客服務、尊重他人、富有創新能力，與能夠交出成果的能力等等。這些特質，並非只適用於領導人。

若要評估自己的領導潛力，你必須回答一個問題：「我有多喜歡領導他人？」假如你從來沒有擔任過領導角色，問問自己：「我覺得自己會有多麼喜歡領導他人？」替自己打個一到十分的分數。如果得分很低，恐怕要三思。

雖然高階領導人通常也會擁有崇高的地位、權力和財富，可是這些利益是伴隨成本而來的。幾乎所有偉大的領導人工作都極為勤奮，往往把公事當作私事一般，而且必須忍受不斷的批評（而且有些批評並不公平），付出代價才得到成功。

如果你喜歡領導別人，像這三位領導人一樣，那麼領導是個令人快樂的事情，而服務可以是個福氣。但如果你並不熱愛領導他人，領導將成為甩不掉的痛苦。

如果你希望從外在尋求回報，還是不要成為領導人吧！只有當你自己會從內在得到回報時，才成為領導人。

當你站起來領導時，你所服務的對象，不會只是聽著你講的話。他們會看著你的眼睛。最終來說，你是無法矇騙他們或欺騙自己的。

只有當你喜歡領導，你才能夠對你帶領的人帶來啟發。

14. 每位領導人都有起點

領導並不是告訴人們該怎麼做好工作；
領導，是幫助人們把工作做得更好。

每一位領導人都有起點，這是無須爭論的事實。另一個事實是，並非所有領導人，包括某些當代最偉大的領導人，都能在一開始時就大放異彩。

以我的朋友穆拉利為例，他曾領導福特汽車，史詩般地起死回生。雖然穆拉利在福特的經歷，最後以成功劃下結局，但他在領導的路途上，並不是一直都如此一帆風順。

穆拉利最初是波音飛機公司的工程師。然而，在他迅速晉升為主管後，他的第一位部屬就辭職了！這位員工不太高興，但他誠實地告訴穆拉利，他認為穆拉利的工作應該是從旁協助，而不是一直重做他的工作，並藉此指出他犯了哪些錯誤。

穆拉利將這個回饋放在心上，並了解到他犯了我的著作《UP學》（What Got You Here Won't Get You There）一書中提到的，主管常犯的壞習慣二（增加太多價值），與習慣六（向世界炫耀自己有多聰明）。不過，這件事發生在我認識穆拉利之前，而且當時書也還沒出版，所以他的自我反省並不是我的功勞（習慣十一：將不屬於自己的功勞納為己有）。

為了從這次的經驗中學習，穆拉利鑽研起管理與領導知識，漸漸地他了解到，該如何讓自己變成更好的領導人。他學到了寶貴的一課：領導並不是告訴人們該怎麼做好工作，或是幫他們做好工作；領導是幫助人們把工作做得更好。同心協力，才是重點。

在波音公司任職的期間內，穆拉利不斷要求承擔更多責任，並扛起這些責任。後來，他離開波音時，角色是波音商用飛機總裁兼執行長。二〇〇六年，穆拉利受邀擔任福特汽車總裁與執行長，帶領公司擺脫困境。他運用獨特的「同心協力」（working together）方法，也就是「引導型領導人」（facilitative leadership）的做法，成功地讓公司重新振作起來。

在穆拉利離開福特汽車前，公司的股價上漲，董事會與員工都非常開心。而他自己則在二〇一三年，被《財星雜誌》（Fortune）評選為全球最佳領導人第三名。

領導的焦點是他人

穆拉利的例子就是「每一位領導人都有起點」的體現。他並非一開始就是位傑出的領導人，他是慢慢地成為一位傑出的領導人。

就個人的角度來看，在我認識他這麼多年以來，我從沒看過他對自己、對員工，或是對公司感到沮喪。穆拉利的熱忱總是能感染身邊的人，並且如孩子般快樂地投入自己所做的事。他曾告訴我：「每天我都會提醒自己，領導的焦點並不是我，而是那些和我一起工作的優秀人才。」

穆拉利就是秉持著這樣的信念在領導。然而，比起他所說的話，他的所作所為更能表現出，什麼是傑出的領導力。

15. 從自己做起

高階主管如果希望公司的人才能夠改善，一個最好的做法是，努力進行自我改善。

有一次，我有機會聽到通用磨坊（General Mills）公司的CEO桑格（Steve Sanger），對九十位主管說話。他這麼說：

「你們都知道，去年我的團隊告訴我，我必須在扮演部屬教練這個角色上，做得更好。我剛剛看了我的三百六十度意見回饋。過去一年來，我雖然已經努力改善，仍然沒有達到我期望的目標，但至少這個成績已經比之前改善很多。還有一件事讓我很欣慰，那就是今年在『對意見回饋採取有效回應』這一點上，我拿到很高的分數。」

當我聽到桑格這麼坦白地告訴同仁，他有多努力來學習作為一個領導人，我就知道，這個世界已經有了多大的改變。

二十年前，很少CEO會願意向他的同仁要求意見回饋，更少人會坦白地討論這些回饋結果，以及他的個人發展計畫。今天，很多全球最受尊敬的領導人都建立了很好的典範，公開、坦誠，持續努力，希望成為一個好的領導人。

CEO的參與和支持

事實上，那些在發展領導人才方面表現最好的企業，通常都有像桑格這樣的CEO，直接、積極地參與各種發展領導人才的工作。這是我個人的經驗，但全球最大的人力資源顧問公司翰威特公司（Hewitt Associates），最近的研究調查也確認了這樣的看法。

在翰威特公司和《執行長雜誌》（Chief Executive）發表的調查中，通用磨坊是發展領導人才方面做得最好的二十家公司之一，上榜的還包括ＩＢＭ和奇異公司。

翰威特公司發現，這些公司在人才管理方面，都採用比較積極的做法。他們花很大的心力，找出高潛力人才，發展差異化的薪酬系統，為人才找出對的發展機會，並且嚴密注意流動率。然而，在這些工作中，最關鍵的還是ＣＥＯ的支持和參與。

毫無疑問地，高階主管如果希望公司的人才能夠改善，一個最好的做法是，努力進行自我改善。從自己做起，和在公關方面大肆宣揚的領導力，非常不同。

戴爾電腦就是最好的例子。它也是翰威特公司這項調查榜上的公司。它的創辦人戴爾（Michael Dell），可說是史上最成功的領導人之一。他大可以採這樣的態度：「我是戴爾，你不是。我已經不需要再進行什麼自我發展了，而你需要。」

相反地，戴爾採取相反的做法。他誠懇坦率地和公司的各階層主管討論他所面臨的個人挑戰。他是戴爾電腦從上到下值得學習活生生的範例。他的領導範例，讓公司其他主管很難自大得起來，或者敢開口說自己沒有什麼好改善的。

嬌生公司（Johnson & Johnson）也是榜上二十家企業之一。它成功地讓高階主管參與了領導力發展計畫，CEO和高階管理團隊會定期參與各種領導力發展活動。當主管聽見CEO談自己遭遇的挑戰，以及有哪些發展需要時，會讓他們更容易討論自己的事業挑戰和發展需要。

以身作則發展領導力

高階主管的坦誠甚至會協助公司擺脫困境。國際航太大廠諾格公司（Northrop Grumman）就是一個例子。該公司ＣＥＯ柯雷沙（Kent Kresa）接下領導棒子時，公司在誠信方面惡名昭彰，股價一蹶不振，也是該產業裡最不受景仰的公司。柯雷沙和領導團隊改造了整個公司的形象，進行了一場反敗為勝的改造行動，最後被《富比士雜誌》（Forbes）選為最受景仰的公司。

整個改造流程的一開始，柯雷沙先從自己做起。他清楚地向公司上下溝通他對道德、價值觀、行為的期望。他要求自己和其他人一樣，都用同一套標準來接受評量。他持續主動走向同仁，不只是努力發展各階層領導人，也創造了一個環境，讓各階層領導人來發展他。

ＣＥＯ的支持和參與，可以協助公司培養領導人，同樣地，ＣＥＯ的漠視也會帶來恰恰相反的效應。當ＣＥＯ像一位天神一樣，不斷告訴其他人應該改善什麼，這種行為往往會複製到各階層主管身上。每個主管都忙著告訴比他低一階的人員，需要改善什麼，最後的結果是，沒有人變得更好。

以身作則來發展領導力的原則，不只適用於CEO，更適用各階層主管。所有好的主管都希望他們的人才能夠成長，在工作中發展。如果我們努力改善自我，周遭的同仁會更受激勵，也同樣會這麼做。

16. 提升你的領導自信心

我們都有害怕的時候，這是人之常情。但如果你要在艱困的時候帶領其他人，就需要展現勇氣與自信。

許多領導人（尤其是剛擔任主管的人），都想要培養自己作為領導人的自信與力量。他們知道，自信心與自尊是偉大領導人的重要特質。

對於想要展現協作、真誠，以及更多自信心的領導人與潛在領導人，我有七個小小的建議：

1. 決定你是否真的想要成為一個領導者。根據我的觀察，很多缺乏自信的企管碩士，原本都是傑出的技術人員。他們對於領導角色的不確定性與模糊性，非常困擾。他們想要尋找「正確答案」，類似他們過去在理工學院得到的答案一樣。事實上，有些優秀的技術專家應該留在技術專家的職務上，不需要覺得自己有義務承擔管理職。

2. 做決策時，坦然接受模糊不清的狀況。進行複雜的商業決策時，通常不會有明確的正確答案。就連執行長，做決策時也有憑藉猜測的時候。

3. 搜集充足的資料，召集其他人，然後根據直覺做你認為對的事。

4. 坦然接受自己偶爾會失敗的事實，每個人都是如此。

5. 人生苦短，好好享受！假如部屬沒有在你身上看見積極正向的精神，你怎能期待他們這麼做？

6. 一旦做了決定，就勇往直前，不要對自己一再猜疑。如果你必須改變方向，那就改變方向。如果你不下定決心，就會一直三心二意。

7. 就算內心害怕，也要向其他人展現勇氣。我們都有害怕的時候，這是人之常情。假若你要在艱困的時候帶領其他人，就需要展現勇氣，而非恐懼。當部屬在領導者的臉上看見擔心與憂慮的神情，他們就會開始對領導者的領導能力喪失信心。

17. 當你提出負面評論時

下評論前想想，自己要說的話，
對公司、客戶，或聽眾是否有益？

我曾經輔導七十多家大型企業，幫助他們發展出公司需要的領導行為。

幾乎每個企業都希望鼓勵領導團隊發揮合作精神，他們所期望的行為，包括「有效促進團隊合作」、「與同事建立正向夥伴關係」，或是「與組織內其他單位創造綜效」等等。

我常建議客戶把一個項目列入他們的領導人行為準則裡：「避免對其他人或團體，做非建設性的批評」。因為這是一個常見的壞習慣！

儘管我們都認同「在組織各個角落建立夥伴關係」的概念，但我們的日常行為卻往往產生相反的結果。我們就承認了吧：不論次數多寡，我們都曾經在其他員工面前說過同僚的壞話。當我們攻擊同僚時，這個行為是實現，還是違背我們曾許下的夥伴承諾？

我的三百六十度回饋

我不想向你說教。我也會收到來自同事的意見回饋，因為就和我的客戶一樣，我也希望不斷自我成長。最令我受益無窮的回饋，來自我的客戶。畢竟，我並不是靠我的部屬或家人，而得到「前十大最佳企業主管教育家」、「前五大最佳教練」，或「最可信的觀念導師」等封號。

（事實上，我的女兒還小的時候，在得知我所得到的榮耀與獎項後，她對我說：「老爸，我想跟你做同一行。」我回答她：「凱莉，你這麼說讓我很自豪。你為什麼想進我這一行？」她笑著告訴我：「因為你這一行的標準很低！」）

我曾經管理過一個小型顧問公司。我永遠也忘不了，我第一次從部屬那裡收到的三百六十度意見回饋。在「避免非建設性批評」的項目，我位居八百分位。換句話說，其他九二％的人做得都比我好。我沒有通過我設下的標準！

於是，我立刻與每位部屬展開一對一的談話。我對他們說：「你給我的回饋，我大部分都很滿意。但有一個項目是我想要改進的：改掉非建設性批評的習慣。假如你下次聽到我對任何人或任何團體發表負面的評論，只要你提醒我又犯了這個老毛病，我就給你十美元。我一定要改掉這個壞習慣！」

我們都只是凡人

然後我動之以情鼓勵他們，要坦誠而且積極地「幫助」我。事實證明，他們非但不需要我鼓勵，反而還會引誘我故態復萌，然後賺那十美元。

有一天，我到中午的時候已經被罰了五十美元。於是，我把自己鎖在辦公室裡，那天再也不和任何人說話；隔天，罰金減為三十美元；再隔天，罰金已降為十美元。

在那之後，我是否還會發表不必要的非建設性批評？當然會，因為我只是個凡人。不過我知道，自己已經比從前進步許多。在最近一次的三百六十度意見回饋，我在那個項目的得分是四．八，而滿分是五分！

我進步到了九六百分位。這證明了什麼？只要付幾千美元的罰款，你就會進步！

在我的主管教練課程裡，我的客戶是每次發表非建設性言論就「罰款」二美元，包括當面批評某人，或是在某人背後說他壞話，以及對公司、其他單位或部門（例如法務、會計、人力資源、資訊部門）的不必要負面發言。

這些罰金全都會捐給他們指定的慈善機構。這麼多年來，這種出於善意的罰款總共有多少？超過三十萬美元！

發言前請三思

當我建議客戶應該避免做非建設性的批評時，我所指的並不是他們應該避免所有的負面發言。不論是企業、團隊或個人，都需要得到他人的坦誠回饋，才知道自己哪些部分該改進，然後進行正向改變。

有一個小測驗可以幫助你分辨，你想要發表的言論是直言不諱，還是不必要的非建設性發言。

在開口前請自問：

- 這個言論對我們的客戶是否有益？
- 這個言論對我們的公司是否有益？
- 這個言論對我說話的對象是否有益？
- 這個言論對我所談論的對象是否有益？

假如這些問題的答案都是「無益」，那麼不需要高深的智慧，你也知道該怎麼做：閉嘴！

我們時常把「坦誠」與「多嘴」混為一談。坦率直言與不發表沒有建設性的言論，並不會互相衝突。舉例來說，我可以認為我的同事是個大笨蛋，但我完全沒必要讓全世界知道這個想法。

假如你想要在公司裡終止非建設性批評的壞習慣，那麼就訂定罰款規則吧！這筆罰金對被罰的對象無傷，能減少公司裡的負面行為，公司的氛圍會變得比較正向，而且還可以幫助比你們更需要這些錢的人。

18. 是虛偽，還是專業？

當你必須成為某個人時，扮演你所需要扮演的角色。
這不代表你很虛偽，這代表了你是位專業人士。

蘭迪是我教練的一位客戶，他在一家大型服務業公司擔任執行長。他是個很棒的人，個性開朗，和他一起度過的晚餐時光總是十分愉快。但今晚，卻和平常不太一樣。

蘭迪帶著疲憊的笑容，走近桌子和我打招呼。他看起來筋疲力竭。

我開口問他：「今天過得怎樣？」

他回答：「哪個部分？我今天根本就分裂成六個不一樣的人。」

扮演六個角色

蘭迪接著說：「一開始早上還不賴，我擔任一位年輕主管的導師，她是我們公司最優秀，最熱誠的主管之一。和她相處時，我是一位積極正面又支持她的教練，幫助一位很棒的年輕人成長，讓我感到非常開心。

接下來的會議，是和我們這個產業裡的一位頂尖分析師談話。我必須對公司的未來，表現出十分有信心的樣子，但又不能太不切實際，過度承諾。和他相處時，我是在向現在和未來的股東認真溝通。

接下來的會議很有趣。我們某個部門創造了有史以來的最佳業績。我向他們致謝，感謝他們為公司所做的貢獻。和他們相處時，我是一位激勵人心的演講者。

接著，狀況就開始嚴肅起來了。我向董事會報告，其中一位董事並不認同，我對未來策略中一項關鍵要素的看法。我認為在這件事上，他是錯的。但因為不論作為一個人，或作為公司所有權的代表，我都很尊敬他，所以在這場會議中，我基本上扮演了傾聽者的角色。

接下來的面談對我來說很煎熬。哈利在我們公司工作了二十五年，一直以來為公司貢獻良多，但最近這幾年，他的表現一落千丈。說實在，我一直在逃避和他進行像今天這樣的困難談話。和他相處時，我是一位主管，必須指出他的績效低落，可能帶來什麼樣的負面結果。

最後的半個小時，對我來說更加艱辛。珍妮是我們公司最受愛戴的一位行銷主管，今年才四十八歲，卻突然過世了。我剛剛才寫了一封信給她的家人，告訴他們她是多麼出色，以及我們多麼思念她。我在這個時候擔任了哀悼者的角色，懷著敬意，代表自己和團隊，表達沉痛的悲傷之情。

我現在是什麼角色

蘭迪是一位非常體貼，以及富有愛心的領導人。他說：「每天在工作之中面對這些情境，我必須學會忘記『我一直以來是什麼樣的角色』，而全心投入在『我現在是什麼角色』。這件事說得比做得容易。對我來說，我必須付出非常大的努力才辦得到，而且常令我筋疲力竭。」

蘭迪是位傑出的專業人士。在這段簡短的敘述中，他讓我們了解到，要在某個時候保持正向樂觀，接著又要在幾分鐘之後，轉換為難過和深思熟慮，是多麼困難的一件事。但身為一位領導人，這就是你的工作。

你必須既專業，又真誠。當你必須成為某個人時，扮演你所需要扮演的角色，不代表你很虛偽，這代表了你是位專業人士。

19. 領導人應該停止的行為

我們習慣思考，應該多做一些什麼，
而忘了，其實學習停止某些行為也一樣重要。

我曾經擔任杜拉克基金會（Peter Drucker Foundation）的董事十年，曾有許多機會，聆聽全球最權威的管理大師杜拉克的談話。在這段期間，杜拉克教了我一些關於人生與領導力的重要觀念。

其中一個最棒的觀念是：「我們花許多時間協助領導人學習該做哪些事，卻沒有花足夠的時間教他們，該停止做哪些事。我所認識的領導人當中，有半數不需要學習該做什麼，而是要學習停止某些行為。」

基於許多立意良善的理由，領導人總是在學習該做哪些事。最主要的原因可能是，領導人與組織一心想展現，做出正向行為的決心，以維持組織前進的動能。例如，他們會說，「我們必須開始更加用心傾聽」，而非我們可以停止的行為：「在別人說話時看手機」。同樣的，大多數公司採用的肯定與獎勵制度，傾向於認可做了某些事。例如，我們受到讚許，通常是因為做了某件好事，而非停止某項不良行為。

「停止某些行為」策略，如何運用在教練與領導力發展上？

第一步是，清楚界定該停止哪些行為。根據我多年的觀察，領導人常有以下的壞習慣。我所遇見的每個人，至少都有一個或多個這樣的壞習慣，包括我自己在內！請檢視下列清單，看看自己是否有這些壞習慣。若你和大多數人一樣，答案是「有」，那麼，現在就可以開始學習停止那些行為。

1. **太想贏**。在任何情況都不計一切手段想贏。
2. **加入太多價值**。在任何討論中，都忍不住想加入一些自己的想法。
3. **評斷他人**。總是在為別人評分，同時把自己的標準加在別人身上。
4. **說出傷人的話**。為了展現自己的聰明才智，說出沒必要說的譏諷與毒舌話語。
5. **一開口就是「不」、「但是」或「不過」**。過度使用這些負面用語，其實透露出你的言下之意：「我才是對的，你錯了。」
6. **讓別人知道我們有多聰明**。努力想讓別人知道，我們其實比他們所想的還要聰明。
7. **盛怒下發言**。把情緒的起伏當作管理工具來用。

8. **負面否定，或是「我告訴你，這為什麼行不通」**。即使別人沒問，也總是把自己的負面看法說出來。

9. **留一手**。不願與他人分享資訊，以維持自己的優勢。

10. **無法給予適當的肯定**。不願意讚美與獎勵他人。

11. **把所有功勞攬在自己身上**。高估自己對所有成果的貢獻，這是最惹人厭的行為。

12. **找藉口**。把壞習慣視為自己性格的一部分，迫使別人幫我們找藉口，原諒我們。

13. **抓著過去不放**。把過錯全推給以前發生的事，或某個人所做的事。這來自凡事怪罪他人的心態。

14. **偏心**。沒有發現自己正以不公平的方式對待某人。

15. **拒絕表達悔意**。無法為自己的行為負起責任，承認自己錯了，或是意識到我們的行為對他人產生的影響。

16. **不願傾聽**。這是最具消極攻擊性的不尊重行為。

17. 不願表達感謝。最基本的不禮貌行為。
18. 遷怒信使。攻擊無辜的規勸者，而對方只是想幫助我們。
19. 推諉責任。一切都是別人的錯，不是自己的錯。
20. 太過執著「做自己」。因為是自己性格的一部分，就算是缺點也堅持看成優點。

在這二十項行為中，你看到自己的影子了嗎？

20. 凝聚團隊的練習

透過四個步驟，和團隊一起為自己打分數，互相提供建議，找到一起前進的方法。

你是否能與其他人好好合作？如果你誠實回答的話，這是一個很好的問題。

你的答案將影響你身為領導人的成敗，它也是影響你個人和家庭關係的關鍵因素。

所以，再問一次，你是否能與其他人好好合作？

我們可能會認為，「與他人好好合作」是用來評估小學生的一個項目，不是用來評估像我們這樣的大人。我們告訴自己：「我是一位成功且自信的大人。我不需要持續監督自己是否與人為善，以及別人是否喜歡自己。」

對於任何人際關係的摩擦，我們常認為自己沒有錯。「需要改變的是別人，不應該是我。事實上，我不需要改變，因為是別人的錯。」**我們自滿於那些帶領自己走過人生的行為，自以為是地拒絕任何改變的機會。換句話說，東西沒壞就別修理它，不要沒事找事做。**

當我的好友穆拉利在福特汽車裡，認真創造了一個環境，讓高階管理團隊能夠學習如何與他人好好合作（過去這個團隊以彼此不合作而聞名）。在穆拉利的領導之下，管理團隊以及整家公司的重點都轉變成：「我們如何更能彼此協助？」

穆拉利的努力成功了。福特汽車度過了極度艱困的時機，並透過共同努力，再度實現了偉大的成功。如果福特汽車是校園，管理團隊是小學生，那他們會在「好好與他人合作」這個項目，得到最高的分數。

凝聚團隊四步驟

你的團隊合作程度有多高？透過以下四個步驟，你和團隊可以一起回答這個問題，這是快速進行團隊凝聚的方法。四個步驟分別如下：

1.在會議中，針對團隊合作情形，請每位團隊成員分別為「我們表現如何？」，和「我們必須表現如何？」這兩個問題評分。讓每個人在紙上進行，再請一個人以不記名的方式計算分數。分數從一到十，十分是最高分。

超過一千個團隊所得到的平均結果是，「我們是五點八分的團隊，我們需要進步成八點七分的團隊」。

2. 假設「我們現在如何」，和「我們必須如何」之間有一段差距，請每個人列出兩個關鍵行為，如果每個團隊成員都改善這兩個行為，將縮短差距，提升團隊合作。

過程中，請不要提到人，只能提到行為，例如，更認真傾聽和設定更明確的目標等等。之後，將每個人提出的行為寫在海報上，團隊再一起選出一個能帶來最大影響的行為。

3. 讓每位團隊成員與其他夥伴進行三分鐘的一對一討論（不妨請大家站著進行這項活動，並輪流和不同人討論）。在這段時間裡，每個人都要問對方：「請建議我一或兩個，我可以進行的正向行為改變，以幫助團隊運作更有效率。」最後，這個人再從所有建議中選出一個，並專注在該項行為改變上。

4. 定期進行每月追蹤。根據過去一個月的行為表現，每個人請其他成員建議，該如何持續進行行為改變。對話的重點應該放在個人應該改進的特定領域，以及針對如何成為更好的團隊成員，給予一般性的建議。

尋求建議的時候，收到建議的一方不能評論或批評對方的想法和意見，只能聆聽並說「謝謝」；給予建議的一方則要將建議的重點放在未來，而非討論過去。

這是一個快速簡單的過程，可以幫助團隊進步，以及幫助大家成為更好的團隊成員。在團隊裡試試看，看看結果如何吧！

21. 這是我的職責

假如你希望其他人充滿熱情、投入、專注，且積極，你要先以身作則！

多年來，我一直在做三件事：演講、擔任企業高階主管的教練，以及寫作。我經常出差，光是在某家航空公司累積的飛行里程，就高達一千二百萬英里。你可以說我是個大忙人。

人們最常問我的一個問題是：「你為什麼有那麼多活力？」我聽了之後總是大笑，因為我看得出來，對方心裡想的是：「你已經是個老頭子了，經過十八個小時的飛行之後，你怎麼還能精力充沛地上台演講？」

現在是演出時刻

我的秘訣是什麼？我可以用一句話總結：「表演事業是個無與倫比的行業！」每次上台之前，我都會在心中默唸這句話，這個咒語可以為我注入活力！每天開始工作之前，我會告訴自己：「現在是演出時刻。」

我會與我的教練對象分享這個秘訣。有時候，他們因為人生的困境感到苦惱與擔憂。有時候事實的確是如此；但有時候，他們只是把心思放在抱怨、發牢騷上，而不是聚焦在自己的領導角色上。

發生這種情況時，我會對他們說：「你看過百老匯的表演嗎？」他們通常回答：「有」。然後我會說：「你看過哪個演員表演到一半，突然停下來對觀眾說，『我的腳好痛』，或是『我的頭好痛』？」

「沒有，沒看過。」他們說，他們從沒看過這種事。

「你每天賺的錢，比那些在台上表演的年輕人還要多一百倍。如果他們能夠每天晚上在台上賣力演出，你也辦得到！現在是你的演出時刻。」

這就是我獲得活力的秘訣，一點也不複雜。

你先以身作則

領導人要做的最重要一件事，就是以身作則。假如你希望其他人充滿熱情、投入、專注，且積極，你要先以身作則！

賀賽蘋和穆拉利是我所認識最優秀的兩位領導人。我從未見過穆拉利或賀賽蘋心情沮喪，他們隨時隨地都展現出領導的熱情。

九一一事件發生時，穆拉利正擔任波音商用飛機公司的執行長。要在那個全國受重創的時期帶領一家公司，是領導人的一大考驗。但穆拉利說了一句我永遠不會忘記的話。他說：「這是我的職責所在。」

任何人都可以在太平盛世展現熱情，並且以身作則；唯有在艱困時局，我們才能看出誰是真正的偉大領導人。

第三部

我傾聽，我提問

成為教練型領導人

22. 關鍵不在教練

當你雇用了世界上最棒的健身教練，
不代表你就會從此變得更健美。

在很多公司，目前所進行的一些領導力發展計畫，很可能都是浪費時間。你是不是很熟悉這樣的流程：你的公司認為你是有潛力的未來領導者，送你去上領導力發展訓練營，為期一天到好幾個星期不等。

你從很多講師（像我這樣）那裡好好地獲得「款待」，然後你為這些講師評分。如果公司對於蒐集資訊非常重視，很可能你還會被要求對課程舉辦的飯店和食物也評分。

然而，沒有人會對你評分。沒有人會追蹤你，看看你是否學到什麼，或者你有沒有變成一位更有效的領導人。結果，學到最多（以及改變最多）的，其實是講師，是飯店的人員，以及廚師。

誰才是重點

這是一件很奇怪的事，顯示了一個很大的謬誤：我們太注意業務人員，而忘了顧客；我們太注意講師，而不是學員；我們太注意教練，而不是那個被教練的人；我們太注意領導人，而不是實際做工作的人。

在我的教練經驗中，這絕對是事實。在那麼多我曾經有榮幸合作的客戶中，哈爾可說是我的明星學生。由他的同仁對他的評語裡，他進步的程度超過我合作過的任何人。

哈爾的公司是全世界最大的公司之一，他是該公司某事業部領導人，旗下有四萬名員工。他的CEO認為他是很好的領導人，希望他擔負更大的角色，進行跨部門的整合，提高公司綜效。CEO希望我和哈爾合作。哈爾很熱切地接受了這個挑戰，並且讓他的團隊也參與。他們一起建立了一個我所見過最精確嚴格的專案管理流程，每個團隊成員都在創造綜效上扮演某種角色。他們定期報告自己在建立公司團隊精神方面，做了哪些努力。他們不斷從同仁那裡學習，並感謝大家提出構想和建議，確實追蹤，以確保有效的執行。

我告訴哈爾：「在我所有教練過的客戶中，你大概是我花最少時間的人。我該如何從和你以及你的團隊共事的經驗中學習呢？」

哈爾靜靜想了一下，「作為一個教練，」他說，「你應該了解，你的客戶的成功其實重點不是你，而是那個決定和你一起合作的人。」

他接著說：「就某個方面來說，我也一樣。我的組織的成功，重點不是我，重點是那些和我一起工作的優秀同仁。」

這和傳統上對於領導人的看法非常不同。如果你看很多財經管理文章，你會看到其中很多誇大了領導人的貢獻（如果沒有過度美化的話）。好像公司裡每件事情都是從領導人那裡生出來的。他該為你的進步負責。他是那個帶領你到天堂的人。如果把領導人拿掉，好像大家就會像迷路的小孩一樣。

這真是胡扯。就像古老的諺語常說：「最好的領導人，大家都不會注意到。**當最好的領導人做好了他的工作，大家會說：『是我們自己做的。』」**

問生命中最重要的人

這就是為什麼，我不把自己當成「教練就是專家」；我比較傾向「教練是引導者（facilitator）」。我大多數的客戶所學到的，往往不是來自我，而是來自他們的朋友、同事和家人。我只是在他們需要時提供協助，協助他們不會太遠離他們所選擇的那條道路。

舉例來說，你想要在傾聽方面做得更好。很可能有一位教練向你說明，如何成為更好的傾聽者。這個建議可能很合理、很有邏輯，也很難爭辯。但是，這會是很一般的建議。更好的做法是問你生命中最重要的人：「請給我一些建議，讓我可以在傾聽你說話時，做得更好。」

他們會給你非常具體、和他們有關的建議，是他們如何看待你作為一個傾聽者，而不是你從書上看到的那些模糊的概念。他們可能不是傾聽專家，但有關如何傾聽他們，他們知道得比世界上任何一個人還要多。

我很難叫這些和我共事的成功人士改變，也不會嘗試要他們改變。太多人認為，一個教練，特別是有名的教練，會解決你的問題。這就像你以為，雇用世界上最棒的健身教練，就會讓你變得更健美，而不是你自己做運動。

真正偉大的領導人，就像哈爾一樣，會認清一點：「重點在於教練」，是很笨的一個想法。長期的成功，是來自四萬人都做好他們的工作，而不是來自組織頂端的那個人。

23. 成為一位引導型領導人

「權威領導」模式已經逐漸過時，
你需要學習的是，如何問問題。

有一種老闆，喜歡對你下各種指令，告訴你該做什麼、怎麼做，以及什麼時候做。這種人似乎什麼都懂，就算沒問他，他也要教你。

別意外，為這種老闆工作的人，大有人在。更糟的是，在現今職場中，不僅主管普遍抱持這種自以為無所不知的心態，連我們的許多同事也是如此，這是現代職場的通病。

這種領導風格源自從前流傳下來的「權威領導」模式，也就是領導人扮演「老闆」的角色，告訴員工該做什麼，以及怎麼做，他們甚至認為，不這麼做就是失職。

告別權威時代

管理大師杜拉克曾針對這類權威式領導人，提出這樣的看法：

「過去的領導人知道如何給答案，未來的領導人需要知道如何問問題。」

我的朋友穆拉利實踐這個理念的徹底程度，無人能及。他曾領導福特公司締造了美國企業史上最驚人的變革轉型，他離開福特公司時，獲得九七％員工的肯定。

在我的職業生涯中，從未見過任何一個人的領導方式，可與穆拉利的領導方式比擬。他採取一種我所見過，最不帶權威氣息的領導方式：做一個「引導型領導人」（leader as facilitator），而非「權威型領導人」，或「老闆型領導人」。

向周遭的人學習

這種模式與我的行為教練方式相當接近。我採用「以利害關係人為中心」的教練方式，其中的理念非常簡單：我認為，領導人可以向周遭的關鍵利害關係人（每天與自己互動的人），學到的東西，遠比他們可以向任何教練學到的東西更多。

一般而言，我的客戶通常有十八位關鍵利害關係人。我怎麼可能比這十八位主管更了解他？因此，我只是個引導者，設法建立管道，讓我的客戶傾聽利害關係人的心聲，並向他們學習。我獲得報酬的方式，不是花時間教導客戶，或是向他們證明我的功力有多強。唯有當這些利害關係人認定，我的客戶的領導行為產生了長久的正向改變，我才能獲得報酬。

穆拉利的「引導型領導」方式，可說為我的教練方式注入了一劑強心針！這種領導方式背後的理念相當容易明白：我雖然是執行長，但我懂的東西，未必比公司裡的無數主管與專業人員更多。

穆拉利要求直屬部屬，在每星期的營運計畫檢討會議中，檢討自己的五大目標達成進度。若部屬遇到問題，他不會急著出手相助，而是引導所有團隊成員互相學習。**他不會說：「我能夠在這些方面幫助你。」反而會問大家，「公司裡誰是提供協助的最佳人選？」**

身為引導型領導人，穆拉利樂於引導與會者在會議中獲得最好的指引，即使這些最好的指引並不是他提供的。他沒有自負到以為自己什麼都懂，他只是引導眾人找到答案。

這種引導型領導方式，與企業界過去的主流做法相差甚遠，值得我們好好思考。

若你有機會擔任領導人，請嘗試看看，最後的結果一定會令你感到訝異！若你已經身為領導人，或許你可以親自體驗這種方法，看看會得到什麼結果。你一定會慶幸自己決定這麼做！

24. 很棒，但是……

在你脫口而出「但是」之前，
深呼吸問自己，接下來的話到底值不值得說。

你在組織裡的位階越高，就越需要讓別人贏，而不是讓自己贏。對於凡事喜歡贏過別人的人來說，這個觀念很難聽得進去。你越是成功，就越需要透過幫助別人成功，進而讓自己獲得成功。這就是致勝的祕訣。

對領導者來說，這代表你需要密切留意自己鼓勵別人的方式，以及你如何「幫助」別人更進步。如果你發現自己對別人說，「很棒……」，然後想接著說「但是……」，請你在說出「但是」之前，閉上嘴巴。做個深呼吸，然後問你自己，你接下來想說的話到底值不值得說。

在大多數的時候，答案是否定的。**假如你真的想成功，同時也想鼓勵別人成功，請你試著把話停在「很棒！」就好。**

即使對於那些察覺自己有這個習慣，並認為自己已經改掉這習慣的人來說，這都不是件容易的事。

我用一個小故事來說明。幾年前，我到一家電信公司的總部上課。當我提到許多人有「很棒，但是…」的毛病時，一位學員嘲笑我。他認為，不使用這樣的句子是件非常簡單的事。他對自己信心滿滿，甚至提議只要他用一次這種說法，就罰一百美元。在午餐時間，我刻意坐在他的旁邊。我問他來自何處，他說「新加坡」。

「新加坡？那是個很棒的城市！」我說。

「是啊，很棒，但是……」他回答。

他立刻察覺到自己犯的錯，於是把手伸進口袋拿出錢包，並說：「我剛剛輸了一百美元，對吧？」

披著助人的外衣

我們急切想贏別人的心態，就是這麼普遍。這種心態蔓延到我們的所有對話中，甚至是無關緊要的閒聊，甚至當我們應該特別留意自己的用字遣詞，甚至當我們可能被罰一百美元時。

上述例子只是這種壞習慣比較輕微的版本。在比較嚴重的版本中，人們的用詞更具有殺傷力與貶抑性。我們都認識一些負面思考的人。我太太把這種人稱為「負電子」（negatrons）。對於別人給的建議，這種人沒有辦法說出正面或讚許的話語。負面思考是他們的反射性反應。若你拿著治癒癌症的新藥走進他的辦公室，他說出口的

第一句話往往是：「讓我向你解釋，這為何行不通。」

這是負面思考最具代表性的說法。它象徵人們想要散播負面想法的需求，即使沒人徵詢他的看法。

「讓我向你解釋，這為何行不通」，與注入更多附加價值不同，因為這句話完全沒有注入任何價值。它是「很棒，但是……」的邪惡兄弟，因為後者將負面意圖隱藏在贊同的檯面話之下，而前者是百分之百的「披著助人外衣的貶抑」。

資深評論家

如同「很棒，但是……」一樣，我們說「讓我向你解釋，這為何行不通」，是為了想證明，自己的專長或位階勝過對方。它不代表我們所說的話是正確或有益的，只反映出我們想成為裁決者或資深評論家的心態。

若你認為上述的句子可能是你的典型負面反應，我建議你隨時留意，每當有人給你有用的建議時，你怎麼回答對方。留心自己對別人的看法所做的反應，可幫助你察覺你的人際互動模式。如果你發現自己經常說「很棒，但是……」，你就需要做個深呼吸，留意自己嘴裡說出的話，然後在說完「很棒」之後就閉上嘴。

25. 多給前饋，而不是回饋

前饋幫助大家聚焦在正面的未來，而不是失敗的過去；協助別人做對，而不是證明他們做錯。

對很多領導人來說，提供回饋（feedback）是很重要的技巧。他們必須讓部屬知道自己的表現如何，哪些做得好，哪些做不好。

但是，回饋有個基本問題：重點都放在過去，放在已經發生的事情上，而不是未來可能發現的無限機會。結果是，回饋可能會變成一種限制與停滯，而不是擴展與動能。

過去幾年來，我帶領許多領導人參加一個練習。在練習中，這些主管必須扮演兩種角色，其中一個角色是提供前饋（feedforward），也就是給別人對未來的建議，並且盡量提供協助；第二種角色是接受前饋，也就是傾聽別人給他的建議，盡量從中間學習。這個練習大約十到十五分鐘，參與者平均有六到七個對話時間。練習時，參與者必須：

- **選擇一個他想改變的行為。**這個行為的改變，會對他的生活產生重大的正面影響。
- **向一位隨機挑選的夥伴，描述這個行為。**這是一對一的對話，內容可以很簡單，例如，我想成為更好的傾聽者。
- **要求前饋。**要求對方提出兩個可能對這項行為有幫助的建議。如果對方是你曾經共事的同仁，也不能對你的過去提供任何回饋，只能對未來提供意見。

- **專心傾聽建議，並且做筆記。**你不能對對方提出的意見，有任何評論、批評，甚至正面評論，例如：「好主意。」
- **謝謝對方的建議。**
- **交換角色，改問對方，你想要改變什麼行為。**
- **提供對方前饋，提出兩個可以幫助對方改變的建議。**
- **當對方道謝時，只能說：「不客氣。」**這整個接受和提供前饋的流程，時間大約兩分鐘。
- **找另外一個人，重複這個流程，一直到練習結束。**

當活動結束，我請參與者講出一個字，來描述他對這個練習的反應。「這個練習很……」結果是，他們所提出的這些字大都非常正面，例如「很棒」、「很有活力」、「很有用」、「有幫助」，最常見的字則是「有趣」。

想一想，當我們接受別人的回饋意見或主管的教練時，是否很少有「有趣」的感覺？

前饋的11個好處

相較於回饋給人的痛苦、尷尬，令人不舒服，為什麼前饋會讓人覺得有趣、有幫助？以下是這些主管的看法：

1. 我們可以改變未來，但不能改變過去。前饋幫助大家聚焦在正面的未來，而不是失敗的過去。運動員在受訓時，常常運用前饋。賽車選手被教導：「看路的前方，而不是牆壁。」籃球選手被教導，想像球掉進籃框時，那完美的一投。讓人看到自己可以更成功，會提高他成功的機會。

2. 協助別人做對，比證明他們做錯，更有生產力。負面的回饋通常會變成，「讓我來證明你是錯的。」這會激發對方的防衛，也讓提供回饋的人產生不安。因為就算最建設性的回饋，也會碰觸錯誤、陷阱和問題。相反地，前饋永遠被視為正面，因為聚焦在解決方案，而不是問題上。

3. 前饋對於成功的人特別適合。成功的人喜歡獲得點子，協助他們達到目標。他們常常抗拒別人負面的判斷。

4. 前饋可以來自任何一個知道這個工作的人，不需要有個人的經驗。前面提到的那個練習，很多人共同的反應是，他們很驚訝竟然可以從不認識的人那裡，學到那麼多。

舉例來說，如果你想要成為一個更好的傾聽者，大約任何一個主管都可以給你意見，告訴你可以如何改善。他們不需要認識你。提供回饋必須要了解對方，前饋卻只需要對於完成這項工作有好的想法。

5. 人們不會把前饋看成針對個人。理論上來說，建設性的回饋是「聚焦在績效，而不是個人」上。但實務上，幾乎所有的回饋都會回到個人身上（不論你是如何傳遞這些訊息的）。你很難對一個專業工作者提供工作上的回饋，卻不會涉及到他個人。前饋則不會涉及個人的批評，因為這是討論還沒有發生的事情。正面的建議往往會被視為客觀的建議；個人批評則通常被視為人身攻擊。

6. 回饋會強化個人的刻板印象，以及促成負面的預言成真；前饋則可以強化改變的可能。回饋會強化失敗感。我們都曾經被另一半，或是好朋友「幫助」過，他們用幾乎是錄影一樣的記憶，重述我們先前的「罪惡」，只為了指出我們的缺點。前饋則是假設對方會在未來有所改變。

7. 面對現實。我們大多討厭獲得負面回饋，也不喜歡對別人提供負面回饋。我看過超過五十家公司的三百六十度意見回饋。其中，有關領導人「及時提供回饋」，以及「鼓勵並接受建設性的批評」的分數，往往都低到不能再低。一般來說，領導人都對於提供回饋，以及接受回饋，非常不在行。

8. 前饋可以大約涵蓋所有回饋的材料。想像你剛才在主管會議上，做了一個很糟的簡報，你的主管也在現場。他沒有嘗試和你討論這個丟臉的經驗，而是針對未來的簡報給你建議。這些建議可能很具體，而且很正面。透過這個做法，你的主管幾乎可以涵蓋到每個重點，而不需要覺得不好意思，也不會讓你覺得更丟臉。

9. 前饋比回饋更快，更有效率。對成功的人提供建議的一個好技巧是：「這裡有四個點子。儘管忘記對你不合用的東西。」這麼一來，大家幾乎就不會把時間用在評斷點子的品質上。拿掉評斷，整個流程就可以更正面。成功的人自然會決定他要採取哪些點子，拒絕他不贊同的。

10. 前饋對於主管、同儕，以及團隊成員都有用。前饋不會顯示自己比較優越，角色比較像是一個旅伴，而不是專家。當進行團隊建立的活動時，不妨要團隊成員問對方：「未來我可以如何更好地協助我們的團隊？」並且透過一對一的對話，傾聽團隊成員的前饋。

11.相較於回饋，人們傾向於更注意聽前饋。一位主管說，在聽回饋時，他會一直想著要如何回答，會讓自己聽起來比較聰明，因此沒有完全傾聽。但在傾聽前饋時，你只能說的話是：謝謝。因為不需要思考怎麼回答，往往可以真正傾聽別人。

我並不是要領導人不給意見回饋，或者放棄績效評估。我是希望強調，在日常互動中，前饋可以比回饋更有幫助。在企業的每個層級，有品質的溝通，是讓組織緊密凝聚的黏膠。運用前饋，領導人可以更大幅改善溝通品質，創造一個更有動能，更開放的組織。

26.教練的六個好問題

在績效面談，或給部屬回饋時，
借助六個問題，談出更好的成果。

羅伯是東岸一家保險公司的領導人。他最大的資產，是他大而化之和外向的性格。他是那種典型的熱情洋溢、容易親近，和充滿活力的業務人員。他的問題也是很多人都有的問題：一個了不起的業務人員，即使充滿魅力，也不代表就能成為好的領導人。

在收到羅伯的三百六十度意見回饋報告後，我們見面討論這些資料。在「提供明確目標與方向」方面，他的分數很低，代表他的管理風格很混亂。在我看來，他的挑戰是雙重的：他必須同時改變他自己跟環境。意思是說，他必須讓團隊的行為，與他的行為彼此對焦。

在我多年的主管教練，以及研究行為改變的經驗裡，我學到關鍵的一堂課，幾乎全世界都適用，那就是，**沒有結構，我們無法變得更好。結構是成功改變行為的主要原因**，不管你正試著改變自己的行為，或是團隊的行為。在提供回饋時，結構能使這個過程對雙方來說，都很正面。

成為更好的領導人

我提供一個簡單現成的結構給羅伯，這個結構我之前曾經提供給很多客戶。它是六個基本問題，羅伯可以在每兩個月一次的一對一會議中，與他的九位直屬部屬討論。會議的議程是一張紙，上面有以下六個問題：

1. 我們要往哪去？

這個問題要討論的是公司的優先順序。它迫使羅伯清楚描述他想要公司如何發展，以及他對主管有什麼期待。要回答這個問題，羅伯必須描述一個能夠公開討論的願景，讓大家不只是猜測而已。團隊成員來來回回的對話，是改變環境，與改變羅伯聲譽的第一步。

2. 你要往哪去？

羅伯接下來討論，他認為每位主管該往哪去裡。之後話鋒一轉，請每個人回答這個問題，藉此讓團隊成員的行為跟心態，與他一致。很快地，團隊成員就學習羅伯的坦率和誠實，敞開心胸討論責任和目標。

3. 哪些事進行得不錯？

就如同在設定目標方面得到低分一樣，羅伯在提供建設性回饋方面，分數也很低。

沒有會議，就沒有機會稱讚超級明星。所以每次會議的第三階段，羅伯必須表彰主管們最近的成就，然後再問一個很少領導人會問的問題：「你覺得你跟你的部門，在哪些事情上進行得不錯？」這不只是在會議中，創造鼓舞部屬的機會，還幫助羅伯知道了一些他可能錯過的好消息。

4. 我們可以改善什麼？

這個問題促使羅伯對直屬部屬提供建設性的建議，他幾乎沒這麼做過，他的部屬也沒期待他這麼做。

之後，羅伯為自己加了一個挑戰，他問部屬：「如果你是自己的教練，你會給自己什麼建議？」他聽到的點子讓他非常驚訝，主要是因為部屬給自己的建議，常常比他給的建議更好。他可以接受這點。他不只在形塑周圍的世界，也從中學習。

5. 我如何幫助你？

這是在任何一位領導人的戲碼中，最受歡迎的台詞。無論我們是身為父母或朋友的角色，或是一位整天忙碌開會的CEO，這句話說再多都不夠。當我們主動表示願意協助時，等於協助對方承認他需要幫忙。我們是增加被需要的價值，而非干擾或強迫。這是羅伯要做的：把每個人連結起來。

6. 我如何變成一位更有效率的領導人？

尋求幫忙，代表暴露自己的弱點，這不是一件容易的事情。羅伯想成為CEO典範，他不間斷地尋求部屬的協助，並進行改善。這麼做的同時，羅伯等於也是在鼓勵每個人都向他學習。

讓部屬參與改變過程

羅伯公司的進步不是一夜之間發生的。但如果沒有這種結構，進步永遠不會發生。這簡單的六個問題正好發揮他的優勢。面對顧客，他是一個好的溝通者；現在，他要把同樣的技巧用在員工身上。

事後來看，這個結構最大的影響，是讓羅伯慢下來。他必須在他的行事曆上空出重要的時段，每兩個月進行九個一對一會議。

除此之外，這個流程帶出的另一個重點是，他的直屬部屬在這兩個月之間做了哪些事。在他努力轉變成更好領導人的過程中，羅伯將他的團隊也包含進來。羅伯讓團隊成員有權力告訴他在領導上的缺失；如果他們對於團隊方向、教練與回饋，感到疑惑或不清楚時，也可以來找他。**羅伯改變他自己跟環境。他增加了結構，團隊承擔了責任。這個結合產生驚人結果。**

當羅伯在四年後退休時，他最後的三百六十度意見回饋報告上，「提供明確目標跟方向」的分數是第九十八百分位。而真正讓羅伯最驚訝的是，他所省下的時間。比起四年前，現在，他花更少的時間跟團隊成員在一起，卻在「提供明確目標跟方向」上表現更好。

他總結：「一開始，我的團隊無法分辨聊天跟釐清目標的差別。透過這個簡單結構，我以尊重彼此時間的方式，給予他們需要的東西。」

若你擁有想要改變的欲望，再加上這個結構，會幫你創造更多附加價值。結構不只增加成功機會，也讓我們更有效率。

27. 誰是不可教練的人？

就算是全世界最好的教練，
也很難協助那些只覺得別人有問題的人。

就算你是全世界最好的教練，如果你所教練的對象，是個不該被教練的人，那麼教練過程就永遠不會成功。好消息是，要找出那些不可教練的人，比你想像中還要容易。你要怎麼知道一個人是不可教練的？你怎麼看出已經沒有進行教練的理由了？

以下四個指標，可以看出你是不是正在和這樣的人打交道：

1.他不覺得他有問題。

這位成功人士對於改變沒有興趣。他的行為目前看起來並沒有什麼不好的結果。如果他對於改變並不在乎，你就是在浪費自己的時間。

讓我告訴你一個真實例子，有位很不錯的女士，我的母親，一位可愛而且非常受愛戴的一年級老師。她對於工作非常投入，甚至不分教室內和教室外。她對我們每個人（包括我爸爸）說話的方式，都是同樣慢慢地、有耐性地，運用簡單的單字，就和她每天對六歲小孩說話的語氣一樣。

有一天，她優雅地、有條理地，第一百萬遍糾正我父親的一個文法錯誤。父親看看她，嘆了一口氣，然後說：「親愛的，我已經七十歲了，就算了吧！」

我的父親完全沒有興趣改變。他不覺得這是個問題。不論我的母親多麼努力、多認真地教練，他是不會改變的。

2. 他對公司或部門採取了錯誤的策略。

如果這個人已經走錯了方向，你對他進行的教練，不過是協助他更快地達到錯誤的目標而已。

3. 他做錯了工作。

有時候，有些人會覺得他待錯了公司，做錯了工作。他們可能相信，他們本來應該做別的事的，或者，他們覺得自己的技能被錯用了。

有個好方法，可以知道你是否正和這樣的人共事。問對方：「如果我們今天把公司關掉，你會覺得鬆了一口氣、很驚訝，還是很難過？」如果他的答案是：鬆了一口氣。那就對了。讓他回家吧！你不可能改變一個不快樂的人的行為，讓他們變得快樂。你只能修正那些會讓周遭的人不快樂的行為。

4. 他覺得除了他以外的每個人都有問題。

很久以前，我有個客戶，在一些員工離職，引起公司上下議論之後，他很擔心員工士氣受到影響。他的公司很有趣，也很成功，大家都很喜歡這個工作。但根據員工的回饋，老闆在獎勵員工時，常偏心某些人。然而，當我向客戶提出這個意見回饋時，他的反應讓我非常驚訝。

他說，他很同意這項指控，但他覺得他這麼做是對的。首先，我不是薪資專家，我沒辦法處理這個問題。但他的反應又一次讓我驚訝：他沒有要我去協助他改變，而是要我去改變他的員工。

就是這樣的時刻，讓我想要離開。**你很難幫助那些不覺得自己有問題的人；你很難改正那些只覺得別人有問題的人。**

遇到這種狀況時，我的建議是什麼？省點時間，跳過英雄式的做法，往前進吧！這些是你永遠不可能贏的辯論。

28. 沒有誠信的人不需要教練

一家公司需要幾個違反誠信的員工，才會名譽掃地？一個就夠了。你不需要教練違反誠信的人，直接開除他們。

前福特汽車執行長穆拉利是位聰明的領導人。他曾告訴我：「成功的關鍵在於擁有好的顧客。如果你選對了顧客，不論你怎麼做都會行得通；但是，如果你選錯了顧客，不論你怎麼做都只是徒勞無功。」

不是每次的主管教練方案都能成功，對於這點，你應該不會感到太驚訝。失敗的教練方案不僅浪費被教練者的時間，還會讓組織白花錢。有鑑於這些原因，大家都想避免失敗！

那麼，我們要如何才能知道，在什麼樣的情況下，主管的教練方案才可能會成功？還有，要怎樣才能分辨，哪些教練方案注定會失敗？

只能解決行為問題

以我自己為例，在決定要不要教練某位客戶時，我會先問一問自己：他想處理的問題，是行為方面的嗎？

據我所知，幾乎所有主管教練的領域都是在教練領導行為。只有少數出類拔萃的教練擅長於公司策略，例如高文達拉簡（Vijay Govindarajan）和波特（Michael Porter）。大部分的教練（可能將近九〇%），都是擁有心理學或組織行為學背景的行為教練。我也是那九〇%裡的一員，而我們的工作是協助領導人，達成正向、持久的行為改變。

只有在某人擁有行為上的困擾時，行為教練才幫得上忙。我曾接到一些十分荒謬的請求，希望我擔任教練。除非我瘋了才會答應這些工作！

舉個例子，某家製藥公司的人力資源人員曾經打電話給我，他說：「我們希望您可以來教練X醫生。」我問：「他需要解決的問題是什麼？」他回答：「他都沒有進修最新的醫療技術。」於是我回他：「我也沒有哇！」

我沒辦法讓糟糕的醫生變成優秀的醫生，讓糟糕的科學家變成優秀的科學家，或是讓糟糕的工程師變成優秀的工程師。我是一位行為教練，而行為教練能解決的只有行為上的問題。

此外，我會問自己的第二個問題是：客戶的問題與誠信或道德有關嗎？

我不會去教練有誠信問題的人。我曾經在《富比士雜誌》上，讀到一篇令人非常不安的文章。文章提到某個違反職業道德的員工，公司不但沒有開除他，反而讓他接受教練。

我個人的信念是，違反誠信的人應該被開除，而不是接受教練。試問，一家公司需要幾個違反誠信的員工，才會名譽掃地？答案是，一個就夠了。你不需要教練任何違反誠信的人，直接開除他們。

走在對的路上

最後，我會問自己：客戶與他所服務的公司，是否正朝著不同的方向發展？

無論是員工和公司朝著不一樣的方向發展，還是其中一方踏上了錯誤的道路，行為教練都沒辦法幫上忙。如果有人走錯了方向，行為教練只會讓他更快地達到那個錯誤的目標。行為教練並不會為錯誤的方向，指出正確的道路。

29. 如何領導知識工作者

要探討如何領導今日的知識工作者，
我們必須從他們的渴望與需求來看領導力。

當企業對員工的期待越來越高，員工對企業領導人也有越來越高的期待。管理大師杜拉克時常談到有效領導知識工作者的重要性，也就是那些對於他們在做的事情，比主管了解更多的專業工作者。

要探討如何領導今日的知識工作者，我們必須反過來，從專業工作者的渴望與需求這個角度，來看領導力，而不是檢視領導者的領導技巧。在今日，要評斷一個領導者的優劣，我們要看的可能不是他所具備的才能，而是他能創造出來的人才。以下是成功管理知識工作者的幾個要訣：

✓激發他們的熱情

假如員工每週只要工作三十五至四十小時，並且每年可以休假四至五週，那麼他們是否熱愛自己的工作，就不是那麼重要了。然而，今天的專業工作者的工作時數比從前高出許多，因此，他們是否熱愛自己的工作就變得非常重要。

換句話說，每天早上起床後，他們必須擁有足夠的工作熱忱，讓他們對接下來的一整天，充滿期待。因此，未來的領導者要能夠挖掘、支持，並激發員工的熱情。此外，他們也必須以身作則，展現同等的熱情。每當我詢問高潛力領導者，他們留在某家公司的理由是什麼，「我喜歡在這裡工作！」是很常見的答案。

✓提升他們的技能

隨著工作變得越來越沒有保障，全球競爭變得越來越激烈，專業工作者必須持續更新，並精進工作技能，才能長保職業生涯的穩定與發展。領導者必須超越現在，放眼未來，協助員工習得未來所需要的工作技能。一家以培育專業工作者聞名的企業曾說：「我們不能保證終身雇用你，但我們可以協助你取得終身受用的就業力。」

頂尖的專業工作者往往願意為了獲得個人成長，而在薪酬方面稍作妥協。這種員工的忠誠度無法靠金錢來收買，而是來自提供他們學習機會。

✓珍視他們的時間

隨著專業工作者的可支配時間變得越來越少，他們的時間就變得越來越寶貴。當我們詢問專業工作者，企業領導者的哪些特質最令他們無法忍受，一個最常見的答案是：「我最討厭主管浪費我的時間。」

每週工作五十至八十小時，從事耗費心力的工作，已經夠辛苦的了，假如在這種情況下，還要浪費時間在不重要的事情上，這種痛苦往往令人抓狂。因此，領導者應該學習如何保護專業工作者不受雜務干擾，也就是那些無法激發員工熱情與提升能力的事。

✓協助他們建立人脈

未來，專業工作者將會發現，工作最大的保障來自建立自身的能力與人脈。企業若協助員工在公司內部與外部建立強而有力的人脈，不僅可以藉此得到競爭力，還可以贏得員工的忠誠度。員工在專業領域積極建立人脈，不僅可拓展個人的知識範疇，並且可以將新的知識引進公司。

隨著轉換工作，甚至是轉換人生跑道的情況變得越來越普遍，企業也要開始習慣離職員工回流的情況。麥肯錫公司（McKinsey）

為離職員工積極提供人際網絡的模式，堪稱典範。許多麥肯錫的顧問後來都到大型企業（其中有許多是麥肯錫的客戶）位居要職。這些離職員工對麥肯錫的忠誠度，有助於麥肯錫贏得這些大型企業的忠誠度。

✓支持他們的夢想

最優秀的專業工作者工作的目的往往不只是為了錢。他們都懷抱夢想，想要在自己的專業領域做出有意義的貢獻。谷歌（Google）前執行長施密特（Eric Schmidt）曾告訴我，當谷歌首次公開釋股（IPO）後，許多優秀的員工在一夕之間全都成了富翁，但他一點也不擔心公司會因此失去這些員工。因為谷歌致力於成為全球資訊提供者的龍頭，因此，想要在業界成為佼佼者的人，自然都想在谷歌工作。

從前的領導者會問員工：「你如何能幫助公司實現夢想？」未

來的領導者除了問這個問題外，還要問：「公司如何能幫助你實現你的夢想？」

✓幫助他們回饋社會

專業工作者之所以辛勤工作，主要是為了追求幸福而且有意義的人生。先前曾提到，企業領導人應該要激發員工的熱情，並且創造一個員工想要去上班，而且樂在工作的環境。此外，領導者也要讓員工知道，公司可以幫助他們為世界做出更多貢獻。

對專業工作者來說，生活與工作之間的界線已經變得越來越模糊。這種「全年無休」的生活方式，使得他們很難在工作之外，取得尋找人生意義，以及回饋社會的機會。因此，他們只能透過工作，尋得人生的意義與改善世界的機會。沒有人想要永無止境地把時間投注在不重要的事物上，因此，領導者必須幫助員工，在自己的專業領域做出有意義的貢獻，進而改善這個世界。

未來，要領導公司的主管與專業工作者，將會變成一件越來越具挑戰性的事，但同時也會帶來更大的成就感。企業領導人不能只是注意要完成什麼工作，而要開始考慮到從事這些工作的人。他們必須要理解，全球化、日新月異的科技進展，以及激烈的職場競爭，為員工帶來了無比的壓力。他們也需要體認，為了要在這個生存不易的世界上獲得成功的事業，員工必須付出多少努力與犧牲。

他們更要意識到，隨著工作與組織對員工的重要性日益提高，自己就有更多的責任，幫助專業工作者創造有品質的生活與幸福的未來。

30.管理團隊中的壞蘋果

某個成員的行為或態度，對於團隊合作造成阻礙時，身為領導者，你該怎麼做？

身為團隊領導人，你可能需要面對團隊裡的某個特殊份子。這個人顯然會對其他成員產生不良影響，而且從不和團隊裡其他成員往來。你的團隊原本運作得很順暢，成員之間都處得很好，但今年出現了一些狀況。你認為，是這個成員的不良態度，導致問題發生。你該怎麼處理？有幾個方法可以幫助你管理團隊，即使團隊裡出現壞蘋果。

首先，帶動所有成員，加強團隊合作行為。如此一來，可避免讓壞蘋果覺得你是「針對」他，藉此防止他對你和其他成員產生不好的感覺。

傾聽、學習、感謝

接下來，讓每個人互相詢問一個簡單的問題：「未來，我可以做些什麼，讓我們團隊有效合作？」此舉有助於促進有益的對話。鼓勵所有人以正向且專注的態度，回應彼此的問題。傾聽、學習，並對他人的建議表示感謝。

當你與團隊成員進行一對一會談時，你可以讓每位成員告訴你，他向其他成員學到了什麼。聽完所有人對壞蘋果的建議後，把這些建議與你的看法彙整後，傳達給壞蘋果。

站在團隊的立場，所有人應該都希望壞蘋果獲得成長。最後，持續進行回饋建議的活動。為達到效果，要求每個人承諾彼此督促，追蹤其他人是否按照個人計畫持續改進。你要以身作則參與這個活動，而不只是口頭說教。

願意改變，願意給機會

這一系列的活動要行得通，前提是：壞蘋果的問題屬於行為方面的缺失；他有意願改進；其他成員願意以公平的態度，給他一個機會。假若壞蘋果沒有參與的意願、對於改變表達嘲諷不屑的態度，或是其他成員不願給他改過自新的機會，那麼這個做法就不會有效果。

若某位團隊成員有態度上的問題，主管要向他說明，改變行為的重要性。讓他知道，你願意盡全力幫助他，但他也必須努力改變自己。如果你這麼做，對方仍不願改變，那麼就應該請他離開。如果這個壞蘋果對公司有重要的貢獻，而且可獨力完成工作，那麼不妨考慮讓他獨立於團隊之外，獨自工作。

第四部

變動時代的領導

艱困時局，成為更好的領導人

31.
領導力是「做」出來的

最大的挑戰不是「了解」領導力該怎麼做，而是去「做」到我們對領導力的了解。

長期以來，大多數人對於領導力發展方案都有一個共同的誤解，那就是「只要我們了解，我們自然就會去做了。」這個假設在我們生活的各種面向都站不住腳，在領導力發展方面，也不例外。

如果「了解就等於執行」的說法是正確的，那麼，每個知道自己必須均衡飲食、定期運動的人，身材都會非常健美。這麼多年來，我們對於健康飲食和運動方面的常識已經大幅提高，幾乎每個人都知道該怎麼做，但為什麼肥胖的人口卻是史上最多的？為什麼肥胖會被視為新的流行病？

因為我們雖然知道要身材窈窕，應該要怎麼做，但我們就是不做。就像加州州長阿諾史瓦辛格說的：「沒有人可以光看我舉重，就長出肌肉。」

領導人應該做什麼

很多公司花了一大筆錢，想要發展出「未來領導者需要的行為特質」，我至少就看過一百家公司這麼做，還協助過其中的七十家。這些特質大多很有道理，例如領導人必須要有高度的誠信、聚焦在顧客服務上、提供高品質的產品、發展人才、鼓勵創新。這些行為特質很多都環繞著公司的價值或能力上。

事實上，大多數公司說的其實都是同一回事，只是用適合自己文化的語言來表達。大多數公司都知道，他們的領導人應該做什麼，也都充分溝通了這個訊息。

我最近和名列全球最受景仰公司排行榜的某家公司合作，和該公司的領導人，以及兩千位高階主管共事。我們經過周全思考，精心發展出公司的領導者應該具有的行為。這些高階主管收到來自其同仁和部屬的三百六十度意見回饋，以幫助他們了解他們的實際行為，和公司希望他們展現的行為之間，有什麼不同。接著，我們用很簡單的追蹤流程，來追蹤這些高階主管對於同仁意見的反應。

在訓練結束時，這些高階主管都接受秘密調查，了解他們會不會執行這個方案中所教的內容。幾乎每個人都說他們了解，也看到這些課程內容的價值。他們幾乎發誓，未來將會和同仁一起追蹤，在他們自己「需要改善的領域」多努力，來讓自己變得更好。

一年以後，同樣的這些高階主管和他們的同仁，都接受了問卷調查，看看有沒有什麼改變。很多領導人（大概佔總數三分之二）的確做到了他們承諾要做的，他們也被歸類為更有效的領導人。然而，有些領導人在獲得回饋和參加訓練之後，卻什麼都沒做。他們被歸類為沒有什麼改進的一群。他們參加訓練所產生的改變，和坐在家裡看電視沒什麼兩樣。

在知道和做之間

二〇〇四年時，我曾經進行一項研究，共有八家公司的八萬六千位員工接受調查。就像前面提到的兩千位高階主管，在那項研究裡，每位領導人都會收到員工的回饋。我們會告訴他們一些簡單做法，讓他們和同仁進行後續追蹤，以及如何成為更有效的領導人。我們的研究結果顯示，在「知道」和「做」之間，是沒有關聯的。那些什麼都沒有做的領導人，和那些確實執行改善計畫的領導人，所知道的一樣多。

令人驚訝的是，什麼都沒有做的領導人，對於這個方案所打的分數，和那些有採取行動的人一樣高。這些什麼都沒做的領導人，不但知道該怎麼做，也了解這麼做的價值。

多年以來，我有很多機會和數以百計、「什麼都沒做」的這類領導人面談。我總是問他們，為什麼他們不做這些他們說要做的事情。他們的答案和道德或誠信無關（雖然最近有很多領導人違反道德的新聞，但是我所見到的這些領導人，都是很高道德的），他們也不是騙子或說謊家。他們真的相信，他們應該改變，而且認為這是「對的事情」。

他們的答案從來和缺乏智慧，或不夠了解沒有關係，他們都是很聰明的人物。他們不但看到他們所承諾要做事情的價值，也知道該做什麼，以及該如何做。

我們的研究得出一個令人感慨的結論：沒有人會因為去參加一

個「方案」而改變，**沒有人會因為他們聽了激勵人心的演講而變得更好。只有在他們選定一件重要的事情進行改善，讓周遭的人參與，並且有紀律地追蹤，才會改善。**

要作為一個有效的領導人，要獲得長期的改變，是需要時間的，也需要追蹤和紀律，而不只是「知道」。

32. 讓員工自己做決定

領導人無法「授權」員工負起責任，並做出好的決策；員工必須賦予自己權力。

身為主管或領導人的你，是否願意讓已經準備好的員工承擔更多責任？你知道何時是成熟的時機嗎？抑或是你總是告訴自己，他們還沒準備好？

我常在世界各地旅行，每年與成千上萬人交流，我發現，這些人都想被視為「夥伴」，而非「員工」。他們都希望組織內的資訊是上下雙向流動。然而，領導人通常不想放掉掌控權。

我認識一位全球大型跨國組織的執行長。員工對他的回饋顯示，他太過固執與主觀。他意識到，自己需要學習讓別人做決定，而且不要那麼執著於證明自己是對的。

於是他採取了一個簡單的方法，持續進行了一年：在開口說話前先深呼吸，並問自己：「說這些話真的有益嗎？」**他發現，有五〇%的情況是，他的意見是正確的，但說出來並沒有益處。**於是他很快就開始練習授權他人，讓對方對決策擁有所有權感和承諾，他不再那麼看重自己想要發表高見的需求。

主管的角色

你的部屬非常了解他們的工作，他們都知道自己在組織裡的任務、角色與功能，因此，你應該開始讓他們放手做事。但有個重點是大家經常忽略的：領導人無法「授權」員工負起責任，並做出好的決策；員工必須賦予自己權力。

你的角色是鼓勵與支持一個有助於員工做決定的環境，同時給予員工必要的工具與知識，使他們能夠順利做決定，並執行這些決定。你透過這種方式，幫助員工達到被賦權的狀態。

這個過程需要花一點時間。員工必須不受干預地自由發揮一段時間後，他們才會真的相信自己可以放手做事。但這樣的等待是值得的，而且相當有成效。假如公司一直以來都否定或開除主動做事的人，然後有一天，領導人突然告訴員工：「你被授權可以做決定。」你會發現，這樣是行不通的。

賦權的四個重點

要創造有利於員工賦權的環境，領導人需要成為團隊的擋箭牌；他需要確保員工可以安心做事。要營造並維持一個「安全」的工作環境，領導人必須持續與團隊討論大家的需求、機會、任務、阻礙、專案，以及什麼行得通、什麼行不通。你可能要花很多時間與其他的領導人、員工、團隊成員，以及同事溝通。

成功的領導人會做下列四件事，以營造賦權員工的環境：

1. 對於已經證明有能力承擔責任的員工，賦予他們決策權。
2. 創造一個鼓勵員工發展技能的有利環境。
3. 若非絕對必要，不要猜疑員工的決定與想法。否則，你會削弱員工的自信心，同時導致他們不再與你分享他們的想法。
4. 賦予員工充分的判斷權與自主權，讓他們放手做事與運用資源。

在現今的世界，成功的領導人與主管所採取的領導方式是，授

權員工做決定、分享資訊，與嘗試新方法。大多數的員工（也就是未來的領導人）會看見獲得授權的價值，並願意承擔伴隨權力而來的責任。若未來的領導人有智慧向現在的領導人學習，若現在的領導人有智慧建立一個賦予員工權力的環境，那麼雙方都會從中受益！

33. 人人都可以是領導人

任何一個需要他人支持才能達成目標的人，都是領導者。因此，我們所有的人都可以展現領導力。

你認為，先天的遺傳與後天的環境，我們受哪一個的影響比較大？

長久以來，我們對這個問題一直爭論不休。這個問題也可以套用在領導力的討論上：「偉大的領導者是先天生成的，還是後天造就的？」這是人們最常提出的問題之一。

我們先從「領導者」的定義談起。我的好友赫希博士是一位知名教練，他把領導力定義為「與他人共事，透過他人的努力達成目標」。根據這個定義，任何一個需要得到其他人的支持才能達成目標的人，都可以是個領導者。

我很喜歡這個定義，因為它非常符合「所有階層都可以展現領導力」的觀念，而這個觀念在現今以知識工作者為主的世界，至關重要。

領導力可以提升嗎？

這世上有不計其數的人，在實質上已經是領導者，因為他們的工作模式就是與他人共事，透過他人的努力達成目標。至於他們是否自認為領導者，是另一回事；至於他們是優秀，還是糟糕的領導者，更是另一回事了。

那麼，這些人能不能成為更有成效的領導者？答案是，「當然能夠」。

我和我的合作夥伴摩根（Howard Morgan），針對領導力發展計畫進行了大規模的研究，這個研究涵蓋了在八家大型企業工作的八萬六千位受訪者。我們最後得到的結論非常明確，幾乎沒有爭論的空間。

能確實做到參與領導力發展計畫、獲得三百六十度意見回饋、選定重要的改進事項、與同事討論這些改進事項，並且定期追蹤成果（以了解改善進度）的領導者，在六到十八個月之後，他們的領導力評分都獲得大幅提升（並非自評）。

另外有一群人，他們參與相同的領導力發展計畫，並獲得三百六十度意見回饋，但沒有進行後續的改進與追蹤，他們後來的表現則看不出任何顯著的改善。

以下是提升領導成效的五個方法：

1. 請你尊敬的同事、上司、部屬，針對你現在的領導成效，提供意見回饋。
2. 找出你最需要改進的部分，也就是你認為可以大幅提升你的領導成效的行為。
舉例來說，也許是「更有效地聆聽」，或是「更快速地做出決策」等等。
3. 定期請同事提供建議，幫助你不斷改進，強化你想要的新行為。
4. 採納他們的意見，但不要全盤接收，只改變你覺得可以幫助你進一步提升成效的部分。
5. 追蹤並衡量你的成效提升了多少。

領導者究竟是先天生成的，還是後天造就的？假如你現在的工作模式就是與他人共事，透過他人的努力達成目標，那麼你已經是一位領導者。那麼，你能不能成為一個更有成效的領導者？答案是，「絕對能夠」。

34. 今天的好員工，明天的領導人

以管理金融資產的認真態度，管理人力資產，才能在艱困的時局中，留住願意幫助公司的珍貴員工。

當我們正在全球經濟不景氣中求生存之際，公司最需要的，莫過於高效能員工（high-impact performers）了。

我所指的是，那些即便在最艱困的時局，仍然願意抱著使命必達的決心，幫助公司獲取成功的珍貴員工：當公司被迫刪減支出時，他們會無怨無悔地撿起別人不願意做的工作；他們會絞盡腦汁想方設法，幫公司省時、省錢和省力；他們對未來前景的正向看法，會驅動公司不斷向前邁進。

企業究竟該如何留住這些珍貴的員工？簡言之，企業領導人必須以管理金融資產的認真態度，來管理人力資產（也就是員工）。在今天嚴峻的經濟環境中，這似乎很難做到，但企業若想成功，就非得這麼做不可。

以下幾個方法，可以幫助企業留住優秀的員工。今日，他們是高效能員工，明日就會是傑出的領導者。

1.展現尊重

這一點雖然沒有新意，但以真誠寬厚的態度對待員工，尊重他們，並時時顧及他們的尊嚴，可以讓員工發自內心對公司以及領導人效忠。

當然，以威嚇脅迫的方式帶人也是一種方法。然而，假如想要留住人才，培養優秀的員工，那種做法成功的機率，微乎其微。

2. 創造生氣蓬勃的環境

要創造一個高效能員工願意留下來，而且為公司全心付出的環境，你需要做的不是給他們花俏的好處，或是為他們報名時下最流行的領導力發展課程，而是要創造一個人們可以學習、獲得訓練、培養技能的環境。

換句話說，領導者要創造一個員工可以透過探詢與對話，不斷獲得成長並茁壯的環境。

3. 提供持續的訓練

成功留住高效能員工的一個重要方法，是訓練與在職教育，這麼做可以確保員工：一、把事情做對；二、能在現有的制度下不斷成長。

交叉訓練，也就是讓員工有機會輪調到公司的不同單位，並接受訓練，這是促成跨部門與跨地域交流的絕佳方法。當公司需要刪減人力時，這將會成為最大的競爭優勢。因為相較於只待在單一工作崗位的員工，受過多元訓練的員工將更有能力接手不同部門的工作。

4. 提供教練式指導

主管可以藉由與部屬的一對一教練關係，發現部屬的長才，引導他們的個人發展，同時讓他們的行為與技能與公司目標連結。這麼一來，他們將成為公司的變革推手，推動公司邁向成功。

5. 給予意見回饋

在年度考核的時間點之外，主管仍然可以在某些領域給予部屬額外的協助，例如建立人脈、如何在工作與生活之間取得平衡，以及接受工作與技能上的訓練。

主管並不是只有在進行每年，或半年一次的績效評估時，才給予員工意見回饋。這是一項持續性的工作，可以透過師徒關係、支持團體，與行動小組來實踐。

6. 獎酬與決策

最後一個方法是獎酬，它的效果顯而易見，但光靠它是不夠的。除了以獎酬滿足員工之外，企業還需要讓員工參與決策。詢問員工，對於公司該如何提升效能有什麼看法，這個舉動就相當於採納員工的意見。此舉不僅有助於留住關鍵人才，也有助於企業找到自我提升的方法。

最簡單的雙贏關係

員工發展是一種策略性流程，可以提升員工的價值，同時讓企業的獲利得到成長。積極投入工作，而且能力出眾的員工，可以為企業提升獲利；而願意培養員工，並提供成長機會的企業，是高效能員工的首選雇主。

優秀的企業領導人都懂得這個簡單的雙贏關係，因此，他們努力創造一個可以實現這個雙贏結果的環境，而最後得到的成果，就是成功！

35. 重點不是說什麼，而是做什麼

員工是透過主管的行為，而不是文字，來了解公司所重視的價值觀與領導能力。

許多企業花費了數百萬美元，並且讓員工費盡心力、絞盡腦汁，只為了找出足以彰顯公司經營理念的一段文字，銘刻於牌匾，掛在最醒目的牆面上。

企業普遍有一種看法，認為員工會由於某個「啟發人心」的口號，或某些「統合公司的策略與價值觀」的文字，而改變行為。這些公司希望，員工（尤其是管理階層）在聽到偉大的理念之後，就會開始依照這些理念行事。

有時候，這些理念會隨著時代的流行用語而發生變化。例如，有一家企業一開始想追求的是「顧客滿意」，然後演化至「全面顧客滿意」，最後演變成層次更高的「顧客愉悅」（customer delight）。

然而，在處心積慮咬文嚼字，追求更高意境的背後，隱藏著一個非常大的問題：企業領導者的行為與掛在牆上的文字之間，幾乎沒有任何關聯。每個企業都在追求「誠信」、「尊重員工」、「高品質」、「顧客滿意」、「創新」，以及「股東收益」。

有時候，某些企業會心血來潮，加進「社區」或「供應商」這類的字眼。不過，這些立意崇高的文字其實大同小異，即使乍看之下富含意義，但不用經過太久，員工就對它沒感覺了。

安隆（Enron）能源集團就是一個最好的例子。在安隆於二〇〇一年破產之前，我恰好有機會接觸其企業理念。我曾看過一段影片，其中介紹了安隆的企業倫理，並強調誠信是它最重視的價值觀。影片展現的崇高理念與其製作的用心，令我讚嘆不已。

此外，安隆對於社區的回饋與貢獻，以及公司高階主管的崇高人格，更是格外引人注目。這是我所見過最棒的企業簡介影片之一。安隆顯然花了大把鈔票，來「包裝」這些美好的理念。但事實上，這一點也不重要，因為之後有多位安隆的高階主管被起訴。

而嬌生集團的例子，則恰好相反。這家醫療保健用品公司以其信條價值（Credo）聞名於世，此信條價值是在多年前寫成的，充分地反映出當時領導者最真誠的價值觀。以今天的標準來看，嬌生集團的信條價值看似有點過時，其中包括「成為好公民，支持有益社會的事與慈善活動，善盡納稅的義務」，以及「對於使用之物，善盡維護之責」等，絲毫沒有我在安隆的簡介影片中所看到的圓滑包裝手法。

儘管嬌生集團使用的語言文字樸實無華，呈現方式也沒有任何花俏之處，但它的信條價值就是能夠得到落實。主要的原因是：公司的管理階層認真看待這些信條價值。嬌生集團的高階主管總是不斷要求自己，也要求員工，不只要理解公司的信條價值，還要落實在日常的活動中。

當我為嬌生集團進行領導力的訓練課程時，有一位非常高階的主管，每一堂課都花好幾個小時的時間研習。這位主管的任務，不是討論公司的管理階層該得到什麼樣的薪酬與福利，而是探討該如何落實公司的信條價值。

不需要十五種版本

我與合作夥伴摩根曾經進行一項研究，對象涵蓋了八家大型企業的一萬一千名主管。我們的研究主題是：培養領導力的計畫能否改變高階主管的行為。

結果發現，這八家大型企業雖然擁有不同的價值理念，也用不同的語言文字，來描述理想的領導者應有的行為，但是不同的遣辭用字並不會影響領導者的行為。有一家企業花費了數千個小時，只為了尋找適當的用語，來描述領導者的行為準則，結果一點效果也沒有。

許多公司的績效評估表，也有上述字字計較的情況。事實上，與管理員工實際表現所花費的精力比較起來，企業似乎花更多的精神，在斟酌績效評估表內所使用的字眼。假如更改表格所使用的字眼，就可以改善績效管理的流程，那麼每家公司的績效評估制度，現在應該都已經達到完美的境界了。

重點是行為不是文字

努力落實企業理念，並培養遵守企業倫理的員工（包括管理階層在內）的公司，都深知成功的真正原因在於人，而不是你所使用的文字。

與其浪費時間挖空心思，只為了尋找完美的字眼，來描述理想的領導行為，不如要求領導者傾聽員工的回饋，並以行動加以回應，因為員工才是實際觀察主管領導行為的人；與其浪費時間修改績效評估表上的字眼，不如要求領導者聽取員工的意見，以了解自己是否提供部屬適當的指導。

歸根究柢，行動勝於空談。員工是透過主管的行為，而不是文字，來了解公司所重視的價值觀與領導能力。假如我們的行為是明智的，那麼沒有人會在乎掛在牆上的信條理念用字是否完美；假如我們的行為是愚蠢的，那麼掛在牆上的完美敘述，只會讓我們顯得更加可笑而已。

36. 尊重員工，如同尊重志工

是什麼原因讓知識工作者選擇為你，
而不是為別人工作？

過去，得到財富的關鍵可能是擁有土地、物料、工廠，或工具。在那個時候，員工對公司的需求，遠高於公司對員工的需求。

那時，領導能力以師徒制的形式延續下去，主管擁有技術性的專業，然後將這些專業，傳授給知識技能不如自己的接班人。

在現今的世界裡，得到財富的關鍵往往是員工的知識。公司對知識工作者的需求，遠高於知識工作者對公司的需求。因為知識工作者對工作的了解，遠遠超過他們的主管。

聰明的公司立刻跟上了這個趨勢。他們開始意識到，他們與頂尖人才之間的關係比較像是策略聯盟，而不是傳統的雇用關係。

我曾經問過無數企業領導者這個問題：「你公司裡最頂尖的人才，有沒有辦法在離開公司的三個月之內，在另一家公司找到薪水更高的工作？」幾乎每個人的答案都是「有」。

運用志工模式

假如你公司裡的頂尖人才有能力在離開公司後，找到薪水更高的工作，但他們卻選擇留下來，那麼他們比志工還要難得。

因為志工是自願無償工作，而那些每天到公司上班的頂尖人才，卻相當於減薪工作。

當員工有傑出的工作表現，主管的反應卻是「他拿了薪水本來就應該做好工作」，這是最令員工洩氣的一句話。假如薪水是員工為你工作的唯一理由，那麼他為什麼要選擇為你工作？

管理大師杜拉克對志工組織一直非常感興趣。他之所以對非營利組織感興趣，是因為，他意識到，知識工作者可以輕易地離開原有的企業，並且找到更好的工作。

因此，對於許多營利組織來說，志工模式是未來的最佳領導模式。

在了解這個事實之後，以下是我對於管理知識工作者的一些建議：

- 根據你的部屬對顧客與公司的貢獻度，將他們一一排序。
- 請你自問，「這些人當中有多少人可以離開我們公司，並在三個月內另謀高就？」
- 請你向這些優秀的員工表達最真誠的感謝之意，謝謝他們對公司所做的貢獻。

- 坦然接受這個事實：你需要他們，更甚於他們需要你。
- 向他們一一詢問，「對你來說，你的主管可以做些什麼，才可以讓公司變成一個更理想的工作環境？」
- 把焦點放在你可以改變的部分，而不是你無法改變的部分。

假設你沒有辦法為他加薪，那麼你可以設法突顯你可以給他的東西：表揚與肯定、教育訓練，或與不同的人（包括公司內部與外部）合作的機會。

- 傾聽他們的想法，盡一切努力讓他們留在公司。
- 對待你的員工，就像優秀的領導者對待寶貴的志工一樣。

來自企業文化的獎勵

我最近造訪了谷歌公司。谷歌致力於為知識工作者創造最佳工作環境的努力，令我驚歎不已。

很顯然的，谷歌為員工所做的努力，不亞於員工對公司的付出。此外，工程師所得到的尊重，也不亞於他們的主管。

谷歌員工所得到的薪資以外的福利，更是令我印象深刻。這些福利包括眾所周知的交通接駁服務、免費的美食，以及員工可以自行決定工作時間表。主管從來不需要追蹤員工的進度，因為所有的員工被視為專業人員，他們有能力自主管理。

我曾遇過許多人，他們的薪水遠低於他們在其他公司可以拿到的薪水。他們對企業文化的尊重，以及工作帶給他們的樂趣，似乎和追求財富一樣地重要。我們可以從這些例子得到一些啟示：不要把員工當作僕人，要把他們當作寶貴的志工來對待。

假如你是一位知識工作者，你覺得你得到了像對重要志工一樣的尊重嗎？假如你是一位主管，你覺得公司是否給予知識工作者像重要志工一樣的尊重？

37. 在艱困時局領導

在艱困的景氣環境中被任命為領導人，首先要記得，不要詆毀前任執行長。

在艱困的景氣環境中被任命為領導人，是一種福氣，也是一場惡夢。先聽聽好消息吧：沒有人會馬上把公司的問題怪到你頭上；不景氣的大環境把績效的壓力降低了，而此時的董事會還很挺你。

而壞消息是：公司裡確實存在一些等著你去解決的大問題。此外，景氣在好轉前，可能還會先轉壞一段時間。這使得你無法立刻大顯身手，在新公司建功立業。

對於在目前這種困難的環境中走馬上任的領導人，我有幾個建議：

首先，不要詆毀前任執行長。已經發生的事，就讓它過去吧。你不能改變現實。前任執行長很可能與許多高階主管有好交情，而這些主管仍然在公司裡掌管一些重要的部門與功能。盡你所能，向前任執行長學習。

雖然有些公司的執行長是因為私德不佳或做了違法的事，所以被撤換，但大多數的情況是，他們只是犯了某些錯誤。前任執行長很可能做了不少對的事；他非常清楚，很可能比公司裡的任何人都清楚，你該和哪些關鍵人物打好關係，以後才比較好辦事。因此，盡你所能讓交接的過程進行得愉快順利。

舉例來說，在美國政權由布希總統轉移到歐巴馬總統的過渡時期，我有一位同事曾經與歐巴馬的團隊合作。他驚訝地發現，即將卸任的行政團隊主管態度非常配合。這群人毫不藏私，樂於把自己所知的執政「眉眉角角」，與新團隊分享。此外，這群人對於接任團隊的傾聽與尊重，也深表感激。

分享、尊重、即刻解決問題

我的第二個建議是：尊重公司的歷史與傳統。我的朋友賀賽蘋就是一個很好的例子。

賀賽蘋在一九八〇年代帶領美國女童軍重獲生機。在她掌舵的十三年間，她讓女童軍的人數以及組織的募款金額，得到了顯著的成長。

此外，她帶領組織進行多元化發展，讓一個原本不受重視的組織，開始得到世人的重視。種種成就使得她獲得了多位管理大師的讚賞。當她因應時代的改變，致力於創造一個充滿活力的組織時，她始終對美國女童軍過去的歷史與傳統表現出高度的尊重。

我的第三個建議是：沖銷壞帳，立刻就做！在公司出現問題時當上執行長，你必須要對公司的問題進行最徹底、最開誠佈公的評估。把所有的問題都翻出來！

讓管理階層清楚知道：現在讓問題浮上檯面，並不會受到懲罰；但假如你之後發現他們沒有把實情全盤托出，那麼他們就要捲舖蓋走人了。

我有一個客戶，非常勇敢地採取了這個策略。他以為他已經把話向所有的事業部主管都講清楚了。於是，公司在那年年底沖銷了十億美元的壞帳，是公司有史以來最大的沖銷數字。

結果，他後來發現，有一個重要的事業部主管已經接近退休年齡，為了要光榮退休，決定把壞帳的數字低報。當問題浮上檯面後，這家公司被迫在隔年又沖銷了兩億美元的壞帳。這位執行長告訴我，對於公司的聲譽與股價，第二年沖銷的兩億美元，比第一年的十億美元造成更大的傷害。

以身作則勝過諄諄教誨

我最後的建議是：以身作則，努力當個謙虛的人，並且不忘終身學習。一九九〇年代，柯雷沙曾擔任國防事業承包商諾格公司的執行長，他為公司的領導者制訂了一套行為準則，並藉此帶領公司走出困境。對於自己的領導行為，柯雷沙會不斷徵詢別人意見回饋。他以身作則，不斷努力改進自己，促使公司的高階主管也起而效尤。

假如你希望別人不斷成長，那麼就從自己做起！比起「諄諄教誨」或是開設領導課程，柯雷沙與高階主管的行為典範，反而對公司的管理階層產生更大的鼓勵效果，在公司內創造了一股自我成長的風潮。要帶領公司改變，每位領導者要先改變自己。假如你率先做終身學習、改變與成長的良性示範，那麼你就可以激勵你的領導團隊，向你仿效。

假如你是一位正要走上一條艱險道路的新任執行長，我無法向你保證，上述的建議一定能夠讓你成功。但是我相信，這些建議一定可以提高你扭轉現狀的機率。

38. 給新任領導人的建議

問起許多退休執行長，他們最引以為豪的成就，他們的答案總是這一件事。

身為企業主管教練，我非常習慣與企業高階主管共事。而有一次，我接到的一項任務，令我感到格外有意思：給兩位美國職棒總教練一些建議，這兩個人分別是紐約洋基隊前任總教練托瑞（Joe Torre）（後來擔任洛杉磯道奇隊的總教練，現已退休），以及洋基隊新任總教練吉拉迪（Joe Girardi）。我的建議如下：

✓給托瑞的建議：

1.絕對不要說「我帶領洋基隊時……」。有一位非常傑出的領導人，離開了經營非常成功的老東家，到矽谷任職。新公司的員工雖然很喜歡他，但他們非常不喜歡聽他不斷提當年勇：「當我在……時」。沒錯，你帶領洋基隊締造了豐功偉業，但只要讓你的隊員知道，你的看法是正確的，就已足夠，不需要以過去的成就佐證。

當我們重提當年勇，不僅讓聽的人感到老調重彈，也會讓他們覺得我們確實老了，而這可不是什麼好事。

2.不居功。若道奇隊表現優異，你應該把所有的成就歸功於球員。若道奇隊的戰績大放異彩，媒體會爭先恐後地指出，你如何讓道奇隊逆轉命運，而洋基隊不續聘你是個多麼愚蠢的決定。你千萬不要隨媒體起舞，透露出任何迎合的言論或表情，而是要一再強調球員的貢獻，少提自己的功勞。我認識一位非常偉大的領導人，他曾告訴我：「有成就者把光環加在自己頭上，領導人則強調他人的貢獻。」

3. 培養年輕球員。我曾問許多退休執行長：「你最引以為豪的成就是什麼？」沒有一個人談到自己賺了多少錢、或自己的辦公室多麼富麗堂皇。他們談的總是自己培養過哪些人才。若你帶領球隊贏得另一個冠軍頭銜，你可以（也應該）引以為豪；若你培養年輕球員，使他們成為傑出的運動員與值得尊敬的人，你將會（也應該）更加驕傲。

4. 原諒球隊老闆。這麼做不是為了他們，而是為了你自己。多年來，你堅持做對的事，並做出一番成績，而且長期忍受球隊東家史家（the Steinbrenners）的惡劣對待與不合理期待。心懷憤恨是人之常情，但還是放下吧！一直抓住負面情緒不放，受苦的是你自己。

5. 盡情做自己。人生苦短。你贏得四次世界冠軍，晉級世界大賽六次，連續十二年打入季後賽。你已經不需要向任何人證明任何事，也不再是年輕小伙子。把轉換球隊視為重新出發的機會，你也不再需要與史家周旋。保持對球賽的熱情與喜愛，當個快樂的戰士。不論球場上發生什麼事，盡情好好活出每一天。你的熱情將會感染周遭的人。

✓給吉拉迪的建議：

1. 拼盡全力。你得到了千載難逢的大好機會。放手一搏吧！做人有時該面面俱到與保持圓滑，但現在不是這麼做的時候。盡你所能幫助洋基隊求勝。若球隊表現不佳，你很快就得走人。

野心勃勃的年輕律師、投資銀行家與顧問，他們一週工作八十小時，只為了躋身大聯盟，現在是你拼盡全力的時候了。

2. 人生是不公平的。紐約的媒體從來就不公平，也不會對你的表現進行平衡報導。若洋基隊輸了，你準備飽受抨擊。試圖為自己做任何辯解，只會讓情況更糟。你必須為任何失敗承擔所有的責任，不論你喜不喜歡，這責任都會落在你頭上。

3. 對老闆保持禮貌就好。是的，史漢克（Hank Steinbrenner）是你的老闆，但千萬別把他的話放在心上。史家向來不支持球團經理人，所以你也別期待自己會開先例。該如何與老闆周旋，托瑞是個很好的榜樣。

4. 向老將求援。你的團隊擁有史上經驗最豐富和最傑出的專業人士，請正視他們的資歷與能力。若有需要，請坦誠向他們求援，與團隊分擔領導責任。

5. 認真以對，盡情享受。前任總教練是個難以超越的高山。我取得加州大學洛杉磯分校博士學位時，知名教練伍登（John Wooden）擔任本校籃球隊教練。你猜，在他之後的歷任教練發展如何？他們全都在上任不久後被炒魷魚，因為他們「不是伍登」。

假如你無法在短時間內交出理想的成績單，並因此被解聘，沒有人會感到驚訝，所以你也不該訝異。在經典名片「晴空血戰史」（Twelve O'clock High）中，由影星葛雷哥萊畢克飾演的沙維奇將軍，告訴手下所有的戰鬥機飛行員（他們即將執行日間精確轟炸任務）：「只要視死如歸，不要滿腦子想著要活著回家，那麼這項任務就不難達成。」

我給你的建議也是如此：只要視死如歸，不要滿腦子想著要保住工作，那麼你的任務就不難達成。

6. 往好處看。史漢克曾說：「我們要找的人，可能是近十年或二十年來，最偉大的球隊教練。」或許那個人就是你。請記住，你得到了一個千載難逢的大好機會，請全力以赴。

撰寫這篇文章時，我忽然想到，上述建議同樣值得企業界領導人參考，不論你和托瑞有類似的處境（曾經戰功彪炳，即將上任新職位），還是和吉拉迪一樣（從傳奇性領導人手中接棒）。

39.
幫助員工面對不確定

面對承受極大壓力的員工，
主管應如何協助他們？

金融海嘯時，我走遍各地，令我驚訝的是，我看到許多覺得受到傷害，而且心懷恐懼的企業界員工，其數量之多，史無前例。

過去幾年來，我們所面臨的，是一個不確定性前所未見的時代，沒有人知道全球景氣未來會如何變化，甚至連自己能不能保住飯碗，都是個未知數。

二〇〇九年時，我不斷聽到有人說：「現在的情況並沒有比經濟大蕭條的時期還要糟。」這種說法或許沒有錯，但也沒有達到安慰人心的效果。其原因有二：

一、在我們的歷史上，還沒有出現過比經濟大蕭條更糟的時期。比史上最糟的經濟情況還要好，這種說法無法讓人對未來產生信心。

二、為什麼有這麼多人這樣說？當人們一再否認某件事發生的可能性時，正表示他們非常擔心這件事可能會發生。

身為一個企業主管，你必須要意識到，金融海嘯後，有不計其數的員工，可能遭遇了資產縮水三〇%至六〇%的情況。有許多原本打算退休的員工，現在變成無法退休。

他們原本以為，靠著自己的收入，在退休後可以過著優渥的生活。而如今，自己的收入會不會生變，已成了未知數。他們原本以為，在六十二歲以後，自己可以選擇還要不要繼續工作。而如今，這個選擇已經消失，因為他們必須延長工作的年數。

畢生的積蓄憑空消失，讓他們感到非常受傷。他們原本以為萬無一失的投資，結果卻變成充滿風險，這點讓他們非常憤怒。而他們害怕的是，假如辭去了現有的工作，很可能找不到下一份工作。

此外，許多人發現，原本以為父母的老年生活可以衣食無憂，而現在也可能出現問題。他們不僅要照顧自己的下一代（因為年輕一代的就業市場一片慘澹），還可能要為上一代的退休生活操心（因為年長一輩的退休金已大幅縮水）。

正視員工的真實感受

許多員工正對企業失去信心。在讀者迴響中，我很意外地發現，「一般大眾」在談論到美國的大企業時（尤其是這些企業的高階主管），字裡行間充滿了厭惡與憤怒。

很少員工會主動和身為企業主管的你，討論上述這些恐懼、憤怒與受傷的感受。然而，沒有人討論這些問題，並不表示這些問題不存在，或是不值得留意。

有一個極為專業的機構告訴我，在企業裡原本看似微不足道的小事，現在卻會引發員工產生暴怒、崩潰，與其他不恰當的情緒反應。

這種情況有急速增加的趨勢。當人們心中存有受傷和憤怒的感覺時，那些原本可以輕鬆處理的「小事」，就有可能刺激他們爆發情緒，因此而做出不尋常與不專業的行為。

帶領員工走出低潮

要協助員工面對艱困的環境，以及不確定的未來，我想給你的建議是：

● **多一點協助，少一點批判。**你要理解，員工表現出來的不尋常行為，其背後可能隱藏著不為人知的原因。你要比以往更加容忍和體諒這些行為。

● **主動幫助士氣低落的人。**未來的競爭環境可能會非常艱困。你可能會遇到承受極大壓力的員工。盡你所能去幫助他們。

● **盡量鼓勵員工放眼未來。**留戀過去於事無補，不論是對公司、員工和你自己都一樣。應該把重心放在可以改變，而不是無法改變的事物。

● **留意你自己的情緒反應。**你的資產可能已經大幅縮水；你多年來的積蓄可能也付諸流水；你的心中可能充滿了受傷、憤怒和不安的感覺。請隨時提醒自己：不要過度反應。

作為一位企業主管，你要努力保持專業。不論你做任何事時，都不要讓自己的憤怒和挫折，影響了你的部屬、朋友或家人。

在這個充滿挑戰的世界中，希望這些建議可以對你有所幫助。

40. 主動伸手，建立夥伴關係

很多合併行動失敗，主要原因不是因為策略上不適配，而是人員和文化上缺乏整合。

曾經有一些經歷過多次購併的企業領導人問我，他們常聽到「綜效」（synergy）或「跨組織團隊合作」的觀念，但是在公司裡，就是看不到這樣的做法。

一般來說，企業進行購併的第一個原因就是：綜效，希望透過這個方式來提高獲利。畢竟，如果加入別的組織並沒有「一加一等於三」的效應，為什麼要這麼麻煩？

雖然很多合併行動看起來是很好的綜效，但最後還是失敗。主要原因不是因為策略上不適配，而是人員和文化上缺乏整合。這個問題很重要，不只是對經歷購併的公司來說，對所有規模較大、全球化的企業也一樣。

建立綜效夥伴關係

以下這些對企業主管的建議，可能有助於在組織內建立綜效夥伴關係：

1. 檢視公司的整體目標，聚焦在，你的部門目標和公司的整體成功，將如何產生關聯。
2. 找出可能會受你的部門工作影響的單位，讓他們參與發展你的部門目標和規劃。

3.要求你的部門的每個人找出一些其他單位的同事，這些同事是有可能和你們建立綜效和夥伴關係的。

4.發展程序，每個人定期和這些不同部門的潛在夥伴接觸，問他們：「我們可以如何彼此協助？」

5.每個月定期舉行團隊會議，分享關於跨部門合作，你們學到了什麼，並且確保每個人負起當責。

6.不再只是捍衛你的觀點，或保護你的組織，而是試著平衡你的觀點和同事的看法，來建立對於公司整體目標的共同投入感。

7.建立定期的最佳實務論壇（可以透過網路進行），讓公司各單位、領域的參與者，討論如何做比較好。奇異公司在這方面做得很好。

8.願意把你的某些最好人才轉移到其他部門。這不但可以促成跨部門綜效，而且能為公司發展潛在的領導人才。（我必須承認，這一點說起來容易，做起來難！）

9. 最後，率先出擊。如果我們等著其他部門主動對我們伸出雙手，而他們也等著我們這麼做，那麼兩邊只會一直等下去，不會建立真正的夥伴關係。

41. 為什麼你不問問題？

當我們面對的是比我們更清楚工作狀況的部屬時，我們很難再告訴他們該做些什麼，或是該怎麼做。

我曾經擔任彼得杜拉克基金會的董事會成員，在這十年期間，我有幸多次聆聽杜拉克演講。

現在之所以有如此多人喜愛引用杜拉克的名言，是因為杜拉克具有一項天賦：他能把言之有理的概念濃縮成一句話。我最喜愛杜拉克的一句話是：「過去的領導者知道該怎麼回答，而未來的領導者知道該怎麼問問題。」

因此，我給你的建議非常簡單：開始問問題。在現今這個快速變化的世界，假如你是一位領導者，你的部屬很可能是知識工作者。當我們面對的是比我們更清楚工作狀況的部屬時，我們很難再告訴他們該做些什麼、或是該怎麼做。因此，我們必須向部屬提出問題，仔細聆聽他們的回答，並且向他們學習。

我該怎麼做？

身為主管，我們應該專注於協助部屬提高工作成效，而不是評斷他們。請你開始問你的部屬：「我該怎麼做，才能幫助你變得更有成效？」問問題可以達成非常好的效果，這不只是理論而已，有許多研究證實，這是一項事實。我和摩根曾共同發表一個關於培養領導力的研究，我們根據八家大型企業八萬六千多位受訪者的回答，得到了下列的結論。

在部屬與同僚的眼中，一個能夠提升成效的領導者，會徵詢同事的建言以尋求改進、傾聽這些建言、願意向周遭的人學習，並持續追蹤自我改進的成果；相反地，不提出問題，也不進行後續改進行動的主管，並不會被視為能提升成效的領導者，即使這兩種主管都參與同一個領導力發展計畫。

常識與行動

這個結論可說是一種常識。假如有人尋求我們的意見、傾聽我們的想法、試著向我們學習，並且追蹤他自身的改善進度，我們和他的關係自然會改善，而且他與我們的互動也會變得更有成效。

然而，問問題或許是一種常識，但真正加以執行的人卻少之又少。我的好友寇西斯曾進行一項研究，他請數萬名受訪者針對直屬主管的領導技巧打分數，然後將這些結果加以統計。結果發現，在部屬對直屬主管的滿意度方面，受訪者在「徵詢自我改進空間」這個項目的滿意度最低。

我們為什麼不問問題？這是因為在內心深處，我們害怕知道答案。

我可以告訴你我的一個親身經歷，作為例子。以我的年紀來說，我應該每年請我的醫生告訴我一些答案，也就是我的健檢結果。然而，我卻設法逃避了七年。

這七年來，我是怎麼告訴自己的？等我的飲食習慣「變健康」以後，我再去做健檢；等我的體格變好以後，我再去做健檢。

我到底在騙誰？我的醫生？還是我的家人？我只是在自欺欺人。直到我意識到，不問問題的結果，有可能比得知健檢報告的內容更可怕，這時我才改變原有的想法。而我是在目睹一位不注重健康的好友英年早逝之後，才有如此的領悟。

養成「問」的習慣

我了解到，尋求工作上的建言，其實也沒什麼大不了，而這個動作卻可以帶來改變。此外，你不只該向部屬問問題，也應該向同僚問問題。請養成習慣，詢問你的同僚：「我可以做些什麼，來讓我們的合作更順暢？」或是：「我的單位可以做些什麼，來協助你的單位？」

雖然幾乎所有的企業都提倡綜效與團隊合作的價值，但很少有員工願意主動力邀其他單位的同事，一同團隊合作，創造綜效。

假如你是一位主管，你是否問過你的部屬，你該如何幫助他變得更有成效？假如你不擔任主管職，你是否曾問過其他同事，你可以做些什麼，來讓你們的合作更順暢？

假如你的答案是「不曾如此」或「不太常如此」，那麼你應該現在就開始這樣做。

42. 是目標，還是目的？

在採取行動，努力執行之前，
先想想，這些是目標？還是目的？

從表面上來看，目的（purpose）和目標（goal）似乎非常類似。事實上，我的字典告訴我，這兩個字是同義字，我們似乎可以把這兩個字交互使用。然而，從語法上來分析，我們會發現這兩個字非常不同，就像白天和黑夜一樣。

目標是我們希望達到的特定任務（objective），通常是在一定的空間、時間和資源限制下。另一方面，目的是抽象的，是任何思考或行為背後的原因。目的和達到一個任務無關，與一種生活方式比較有關。目的是持久的，而目標則可以創造、調整，必要的時候甚至可以放棄。

達到目的才是重點

如果超越語義學，你可以進一步看到目的和目標在工作上，有什麼差異。目標是你所設的標的（target），例如對於人才的雇用、留住和發展；相反地，目的則是目標所服務的對象。你設了前面這些標的，是為了達到涵蓋範圍更大的宗旨（aim），也就是對企業和股東有利的收益。

舉例來說，你會找來一千名員工，只為了讓人員陣容更堅強嗎？當然不會。但你可能設定一個目標，也就是找這些員工來，為你的組織準備，來支持你達到目的，並確保公司掌握到新的成長機會。

不論在公司或家庭裡，我們常迷失自我，把目標和目的混淆了。我永遠不會忘記，有一次，我在一家財星五百大公司上一堂領導力發展課程。當時，不只有高階主管在場，還有他們的配偶。課程裡，這些主管傾聽來自他們另一半的意見回饋。

很多高階主管發現，他們的妻子或先生覺得受到忽略，或者重要性被擺在工作以外的第二位。

當這些主管被問到，「為什麼你這麼努力工作？」他們總異口同聲地說：「因為我要我的家庭有好的生活。」但他們的另一半總是回答：「我們現在已經有足夠的錢了。我們只希望更常見到你。」

很顯然地，很多高階主管讓他們的目標（賺很多錢），變成比他們的目的（為自己和家人創造美好的生活）更重要。

我提到這個，是因為很多公司在人才管理上，往往也忘記了目標和目的的差異。我們常常太注意目標，以為這就是我們存在的理由。

別被目標吞噬了

我的一個朋友離開一家顧問公司後，擔任一家大型企業的人力資源副總裁。他檢視了公司的員工福利後發現，有些福利為公司花了太多成本，卻對於員工真正重視的東西，貢獻不大。

當他建議，應該刪減這方面的開銷，為公司節省資源時，有些主管告訴他：他被周遭的人員弄糊塗了。這些主管強調，刪減這些福利，就表示人力資源部門的預算變少，權力當然也就跟著縮水了。這些主管太過執迷於「建立自己的王國」，以致忘記了，他們應該要對股東的投資創造收益。

「組織的目的應該放在任何一個單位的目標之前」，這個概念雖然很簡單，但是為什麼高階主管往往做不到？

答案很簡單，當設定了目標以後，一些積極進取的人士似乎就被固定住了。再加上期限緊迫，爭奪有限資源和組織疆域的壓力，就不難看出為什麼我們會被目標吞噬了。

一個簡單的排序

這個問題的解決辦法也很簡單，雖然並不容易。它需要的是誠實，甚至可能有點痛苦的自我省思。好好地分析你的目標，問自己：「我的時間和精力都花在什麼目標上？」、「公司的資源都放在什麼目標上？」將你的目標以所投入成本的多寡依序列出來，然後，看看你的公司真正的目的，再依「對目的的貢獻有多少」順序排列，將你的目標列出來。

如果我們在自我評估的過程很誠實，大多數人會發現，投入最多的目標，和「對目的的貢獻度」最大的目標列表之間，會有一些差異。

如果你的狀況是這樣，我們不妨退後一步，吸一口氣，以目的為基礎，重新設定目標，列出你的待辦事項，成功地做真正重要的事情。

附錄、

學會讓別人贏

專訪全球最受推崇的主管教練葛史密斯

方素惠

「親愛的素惠，

來自Rancho Santa Fe（註：聖地牙哥一高級社區）的問候。我很樂意和你一談，謝謝你想到我。

早上七點鐘，在會議中心吃早餐，你覺得如何？我會把它放在我的行事曆上。你需要多少時間呢？

生命真美好　馬歇」

在送出採訪邀約的兩天後，email信箱中出現了一封謙遜親和的回音。

馬歇．葛史密斯，《富比士雜誌》推崇他為全球最受尊敬的五位主管教練（executive coach）之一；《華爾街日報》肯定他是十大最頂尖的主管教育家之一；《經濟學人雜誌》推舉他為全球最值得信賴的三位主管顧問之一。

他教練的企業領導人，包括福特公司ＣＥＯ、戴爾電腦創辦人戴爾、葛蘭素大藥廠ＣＥＯ、高盛投資銀行總經理等財星五百大企業ＣＥＯ。他所撰寫的二十三本著作，已經被翻譯成三十幾種語言。

二〇〇八年六月初，聖地牙哥國際會議中心前，燦爛的陽光下，葛史密斯穿著綠色的Polo衫、卡其褲，從暗紅色的小車子鑽出來。沒有架子的他，自己搬著兩箱書，打算送給聽眾。這是全球人力資源界的盛會、ＡＳＴＤ二〇〇八年國際研討會。近萬名來自七十五個國家的企業主管和人力資源人員齊聚一堂。葛史密斯應邀發表演說，演說被歸為「傳奇人物」系列。

「高階主管真正的挑戰，不是了解領導力，而是將這些了解付諸行動。」他強調。因此，長期以來，葛史密斯的教練工作重點在於，協助高階主管針對影響企業績效最重要的行為，進行改善。他和客戶的約定是，只有行為確實改善，也帶來了正面影響，他才收費。

他是UCLA組織行為學博士，佛教徒，國際紅十字會領導人志工。他強調，領導人最重要的功課之一是：人，「花時間去幫助別人、協助別人、教練別人。」

他用行動展現了他的這項主張，因此，你即將看到的，不是一篇傳統的訪問，而是一段教練的過程。以下是他接受EMBA雜誌專訪的摘要：

■根據你的觀察，高階主管要成為好的領導人，最大的挑戰是什麼？

□第一個挑戰就是贏太多。如果這件事很重要，他想贏；有意義，他想贏；很關鍵，他想贏；很瑣碎，他想贏；不值得，他也想贏。贏家就是想要贏，很難停下來不贏。

你爬得越高，越要學會讓別人贏。我的一位客戶說：「作為一個ＣＥＯ，我才知道，我的建議會變成命令。」當這些建議很聰明，變成命令；很愚蠢，變成命令；你希望它變成命令，它會變成命令；你不希望它變成命令，它也會變成命令。

你爬得越高，你的建議越容易變成命令。你必須學習不再時時都贏，不再向別人顯示你有多聰明，不再告訴每個人該怎麼做。要協助別人變成贏家。

■那麼他們該怎麼做？

□我問一個客戶，我做你的教練時，對你最有幫助的是什麼？他說，你告訴我如何做一個ＣＥＯ，和如何過快樂的生活。你告訴我，在講話之前，停一停，開始深呼吸。問自己：講這句話值得嗎？

CEO的第二個挑戰是，增加太多價值。我很年輕、有熱情，是你的部屬，我有個想法要告訴你。但老闆卻劈頭就說：「這個點子很棒，但也許你還可以……。」

結果是，這個點子的品質可能會增加百分之五，但是部屬對執行的投入（commitment）卻可能降低了百分之五十。他覺得，這不再是我的構想了。對成功和聰明的人來講，很難不想增加價值。我教這些領導人的是，在講話之前，呼吸，看著對方的眼睛問，我的意見對他們的投入會有什麼影響？有時候，這些意見會貢獻一點點，但是所帶來的傷害卻很大。

有效的執行應該是，「點子的品質」乘以「執行者對這件事情的投入」。

第三個挑戰，很多成功人士很固執；或者說，意見太多，喜愛辯論。他們的句子永遠以三個字開頭：「不，但是，然而（no, but, however）。」如果你說話的第一個字是「不」，那表示，我錯了；如果你是以「但是」、「然而」開頭，那就是說，我說了什麼不重要。

不，但是，然而

我的一個客戶，當我看到他的回饋報告時，發現他很固執。他的反應是，「但是馬歇，」我說，如果你再用「但是」開口，我就要罰你二十美元。他說：「但馬歇，」我說二十美元，他說「不……」四十元，「不，不，不」六十、八十、一百美元。

他在一個半小時內，被罰了四百二十美元。最後，他說：「謝謝。我從不知道我講話是這樣的。我講了二十一次的『不、但是、然而』，難怪別人說我固執。當別人跟我講話的時候，我第一件事情就是要證明，我比較聰明，他們錯了。」這位ＣＥＯ就只學到這個技巧，就改善非常多了。

■談一談偏心（playing favorites）好嗎？

□你爬得越高，這個陷阱越大，很難不偏心。很多公司都說，我們討厭馬屁精。如果有這麼多人這麼討厭馬屁精，為什麼還有這麼多馬屁精存在？因為我們常常強化了這種表現。如果你養狗，請問在你家裡，誰得到最多不恰當的正面肯定？通常都是狗。因為狗不頂嘴，永遠很高興看到你，永遠跳上跳下。狗就是馬屁精。不知不覺，我們在辦公室中，就在強化這種行為。

■但……

□但……（大笑），二十美元。

■我這個「但」字並不代表什麼意思……

□喔，這就是很多ＣＥＯ講的，我的「但是」不算數。他們常常這樣，首先，犯了一個錯，然後說，這不算。「我的錯誤和別人的錯誤不一樣。」

■我現在要很小心。如果我是個ＣＥＯ，我怎麼知道我有沒有偏心？

□你並不知道。我要求高階主管這樣評估員工：一、他們對我有多喜歡？二、他們有多像我？三、他們對公司的貢獻有多少？四、我給他們多少正面的肯定？

很多時候，主管給員工的正面肯定，常常和「他們有多喜歡我」，或「他們讓我想起我自己」成正比，而比較少是「他們對公司真正帶來多少貢獻」。

想一想，我似乎一天到晚在肯定這個人，為什麼？

很多高階主管還有一個習慣，那就是為目標執迷。成功的人往往太過對目標執迷，以致於忘記了使命。為了賺錢，我們傷害了健康；為了求升遷，我們傷害了家庭關係。有時，我們為了較不重要的事情，而忘了更重要的事情。

所以要不斷問自己，我更深層的使命是什麼？有一個華爾街的高階主管常常抱怨自己工作太累。我問，你工作多少小時？「一週九十小時。」為什麼這麼累？「因為我要賺錢。」為什麼需要賺錢？「因為我結了三次婚，必須付贍養費。」為什麼要結三次婚？「因為沒有一個老婆知道，我必須多努力工作。」

想一想，生命中比較重要的是什麼？

關於你，我有個理論。一般來說，女性比男性更需要處理一個課題：想對每個人、每件事都做得完美的慾望。女性比男性對自己更嚴苛，女性比男性更有罪惡感。所以我常對女性主管說，不要對自己太嚴苛。人生太短暫，你看起來擔心太多了。常常太努力要變成一個完美的人，忘記了要享受生活。結果你可能永遠很完美，卻一直很憂慮。每個人都會面臨死亡，有一天你回顧生命，會覺得，為什麼我需要這麼擔心，很多事情其實沒有那麼重要（接著，他示範深呼吸動作，然後吐氣）。

■你常帶客戶做這個練習嗎？

□是。

■他們的反應如何？這些財星五百大ＣＥＯ。

□你知道嗎？這些「財星五百大ＣＥＯ」也是人。我在協助他們擁有快樂的人生。到目前為止，沒有人拒絕我幫助他們過快樂的生活。大多數人都希望快樂過日子，而不是悲慘度一生。

■所以你改變的不只是事業、企業經營，而是人生？

□是的，假設我的客戶是未來ＣＥＯ，我會告訴他，我才不在乎你是不是下一個ＣＥＯ，我只是想要幫助你，以及你周遭的人有更好的生活，做對公司更有幫助的事情。如果你做一件事情，只是為了在事業階梯上爬升，那不要做。生命太短暫了。

■所以，要有成功的事業，又有快樂和平衡的生活，有什麼祕密？

□我不確定會不會有「平衡」的生活，但要快樂的生活，首先要熱愛你做的事情。我所認識的最好的CEO，都喜歡領導別人。這對他們來說很有樂趣。

■所以你會建議讀者，應該採取的一個行動是什麼？

□找一件事情來改善。和周遭的人談談，「我想要改善這方面，請告訴我，我該怎麼做。」獲得一些建議。

你想改善什麼？

■……（沈默）。

□你沒有事情需要改善嗎？

■……（沈默）如果我真的不知道該改善什麼？

□你從來沒有問過別人，自己該改善些什麼，對不對？

■對。

□為什麼不問？

■因為我都在想怎麼改善別的事情。

□喔，你就是忘記了一件「小事」，那就是怎麼改善自己。你告訴過先生該怎麼改善，孩子該怎麼改善，公司該怎麼改善，只有一件事情你沒有把手指頭指向它，那就是這裡（指著自己的內心）。

也許他們會告訴你，你沒有什麼需要改善的，你是完美的。但你可以更好。如果你問你的母親，她會怎麼說？

■也許是花更多時間陪她。

□你的女兒會怎麼說？

■也許是應該多幫忙她一點。

□完美。

■我懂得你的重點了，就是不要想改變別人，先改變自己，其他結果自然會發生。

□先把重點放在改變這個人身上（指自己），你不可能改變每個人，但你可以改變這個人（指自己）。

對於那些喜歡抱怨的人來說，他們太容易把指頭指向別人，但就是沒有指向自己。先修理自己。如果世界上每個人都想到要改善自己，那麼每個人的生命都會更美好；當每個人都想到要改善別人，結果沒有人會變得更好。

遇見未來的自己

我們現在來做我最喜歡的教練遊戲，準備好了嗎？這會是你這一生中，所得到過的最好教練建議。深呼吸，吐氣（把兩手像扇子一樣搧自己），深呼吸，吐氣。

想像你現在九十五歲了，準備好了要面對死亡。在你要嚥下最後一口氣時，你有一個很好的禮物，就是可以回去告訴別人一些事情。如果這個九十五歲的老人現在回來告訴坐在這裡的你，會對今天的你，有什麼建議呢？

我的一個朋友訪問了一些老人，發現最多的建議有三個：

一、現在就要快樂，不是下星期，下個月，是現在。有一個西方傳染病現在傳染了全世界，也傳染到了台灣。這個病就是：「當……，我就會很快樂。」當我有車子、當我有錢、當我到那個狀態、當我有某種成就，我就會快樂。

二、珍惜你的朋友和家人。當你九十五歲，躺在床上，你看看周遭，會發現沒有員工會來跟你道別。朋友和家人是唯一在乎你的。

三、如果你有夢，就去追求。如果你三十五歲時不去追求，九十五歲也可能不會。不一定是大的，小的夢想也可以。

至於對事業上的建議，第一點就是，have fun，你的工作多有趣啊！不要那麼擔心，生命太短暫，好好享受。如果我們自己不 have fun，就很難教別人 have fun。

我問過很多媽媽：「當你的小孩長大以後，你希望他……？」有一個字最常從這些媽媽的口裡吐出，那就是「快樂」。你希望你的小孩快樂嗎？

■是的。

□那麼你自己要先快樂。他們不會聽你說怎麼做，他們會看你怎麼做。這就是教他們快樂的最好方法。

關於事業建議，第二點是，人。花時間去幫助別人、協助別人、教練別人。那個老人會很驕傲你這麼做。

第三點是，追求夢想（go for it）。世界在變，環境在變，趕快去做吧！

「親愛的馬歇，

儘管已經一星期了，我仍然很難忘記你問我的問題。你問我，我希望改善些什麼，我當時久久答不上來。因為我習慣在訪問時問問題，而不是回答問題；習慣把焦點放在受訪者身上，而不是自己身上。

現在我想和你分享，以下十一點是我希望改善的：

……

PS. 聽說你每次出去演講，都穿綠色的T恤，有什麼典故嗎？

素惠」

「親愛的素惠，

來自英國曼徹斯特的問候。

謝謝你細心周到的來信，也謝謝你在聖地牙哥的訪問。謝謝你認真思考這段對話，並且專注於變得更好。

《紐約客雜誌》（New Yorker）有一次寫一篇有關我的報導，作者提到，我總是穿著一件綠色的T恤和卡其褲。從此以後，大家都期望我穿綠色的T恤了。這也讓我的生活（以及打包）因此變得更輕鬆了。

生命真美好　馬歇」

本文原載於EMBA雜誌二六三期

學領導

領導大師對主管的最深刻叮嚀

作者　馬歇・葛史密斯（Marshall Goldsmith）
譯者　EMBA雜誌編輯部
總編輯　方素惠
責任編輯　陳映華
校對　林立穎、黃于容
封面設計　化外設計
內頁設計　廖訪晨

出版社　長河顧問有限公司
地址　105台北市南京東路五段213號7樓
服務專線　(02)2768-0105
E-mail　service@emba.com.tw
網址　http://www.emba.com.tw
傳真　(02)2766-6864
劃撥帳號　50319336長河顧問有限公司
印刷製版　久裕印刷事業股份有限公司
出版日期　2017年11月10日第一版第一次印行
2021年 9月 1 日第一版第四次印行
定價　360元
ISBN　978-986-91403-4-8（平裝）

EMBA 雜誌網址 | http://www.emba.com.tw/
EMBA 雜誌FaceBook | http://www.facebook.com/EMBAmagazine
如有缺頁、破損、裝訂錯誤，請寄回本公司更換

網路訂購　套書優惠　EMBA雜誌